怎样提高肉羊舍饲效益

主 编

敦伟涛 陈晓勇

副主编

孙洪新 强慧琴 田树军

编著者

敦伟涛 陈晓勇 强慧琴

田树军 孙洪新 阎志刚

吴丽卿 刘梦鹤 窦炳军

白 海

U0322771

金盾出版社

内 容 提 要

我国农区是肉羊生产的重要区域,但普遍存在舍饲技术不过关,效益低下的现状,作者根据多年的实践,本着纠正错误认识,推广新技术的目的编写了此书。内容包括:肉羊舍饲生产概况及特点,因地制宜投资羊场建设,科学选择合理利用肉羊品种,科学搭配保证日粮营养,加强管理提高羊群质量,提高母羊繁殖率和羔羊成活率,羔羊快速育肥提高养羊效益,建立健全肉羊疾病防控体系。本书由多位长期从事肉羊生产实践和教学的专家编写,通俗易懂,技术实用,适合基层技术推广人员和肉羊养殖场(户)畜牧兽医人员阅读参考。

图书在版编目(CIP)数据

怎样提高肉羊舍饲效益/敦伟涛,陈晓勇主编 . — 北京 :金盾出版社,2016.1(2019.5 重印)

ISBN 978-7-5186-9952-5

Ⅰ.①怎… Ⅱ.①敦…②陈… Ⅲ.①肉用羊—饲养管理
Ⅳ.①S826.9

中国版本图书馆 CIP 数据核字(2015)第 011415 号

金盾出版社出版、总发行

北京太平路 5 号(地铁万寿路站往南)
邮政编码:100036 电话:68214039 83219215
传真:68276683 网址:www.jdcbs.cn
北京军迪印刷有限责任公司印刷、装订
各地新华书店经销
开本:850×1168 1/32 印张:8 字数:188 千字
2019 年 5 月第 1 版第 3 次印刷
印数:7 001~11 000 册 定价:22.00 元
(凡购买金盾出版社的图书,如有缺页、
倒页、脱页者,本社发行部负责调换)

前　言

　　羊属草食动物,养羊业在畜牧业中占有重要地位,随着经济社会发展和生态环境变化,养羊业发生了两个转变,一是人们从羊上获取的产品由以毛为主转变为以肉为主;二是在非牧区饲养方式由放牧饲养转变为舍饲圈养,因此肉羊舍饲应运而生。20世纪90年代,我国引进了一些国外肉羊品种,兴起了一场以买种—扩繁—卖种为主要链条的炒种浪潮。自2003年之后,炒种热逐渐消退,种羊场逐渐减少,肉羊产业逐渐回归到市场基本面。2003—2006年,肉羊生产较低迷,养羊积极性不高。自2007年以来,我国羊肉价格进入高增长阶段,价格持续攀升,2007年1月羊肉价格为20.62元/千克,2014年1月为67.07元/千克,达到历史最高水平。受人口持续增加、耕地减少、资源短缺、环境污染等因素影响,我国粮食供求将长期处于紧平衡状态,保障粮食安全的任务艰巨。发展养羊业等节粮型畜牧业,是促进畜产品有效供给、缓解粮食供求矛盾的有效途径之一。2011年农业部制定出台了《全国节粮型畜牧业发展规划(2011—2020年)》,是指充分利用牧草、农副产品、轻工副产品等非粮食饲料资源,在减少粮食消耗的同时达到高效畜产品产出的畜牧产业,主要包括奶牛、肉牛、肉羊、绒毛羊、兔和鹅等。

　　目前,我国肉羊生产面临政策和市场两方面的机遇,养羊积极性空前高涨。但由于舍饲成本高，饲养技术较放牧要求高，不仅要求会技术还要懂经营，舍饲肉羊仍有些需要解决的技术问题，应金盾出版社之约，根据多年对肉羊生产特点和变化的了解和研究，我们组织了从事养羊科研、教学、生产管理和技术推广工作的相关人员编写了这本书。在编写过程中遵循的原则是介绍基本知识，更注重从怎样提高舍饲养殖效益的角度使读者树立经营理念、掌握舍饲养羊关键技术。本书共分八章，内容既有传统经验又有最新科研进展，通俗易懂，使读者愿意读，读完后有收获，能够帮助生产者提高养殖经济效益。每一章前面的"编者的话"，介绍了本章内容，同时阐述作者观点，纠正一些错误习惯和认识；每一章最后的"体会与提示"，帮助读者了解本章内容在生产中的作用，如何在生产中选择一些实用技术以及一些注意事项。可帮助肉羊养殖户提高认识，掌握技术，合理安排生产，科学经营管理，提高经济效益。

本书适合畜牧技术人员、养羊从业人员以及养羊生产管理者阅读。在本书编写过程中参考了一些书籍和文献，有的列出了参考文献，有些在书中已作出说明，但有些未标明出处，在此，对原作者表示衷心的感谢和诚挚的歉意。由于编者水平和眼界有限，书中缺点和不足之处，恳请读者批评指正。

编著者

目 录

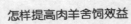

第一章　正确认识科学定位
肉羊舍饲生产经营方向

　　阅读提示：本章主要介绍我国肉羊舍饲生产特点，纠正实际生产中出现的一些误区，介绍羊场经营类别，使读者对肉羊生产状况有一个总体认识，便于有针对性地组织生产，提高肉羊舍饲养殖效益。

一、肉羊舍饲生产特点

（一）养殖成本增加，技术含量要求高

　　养羊业在畜牧业中占有重要地位，随着经济社会发展和生态环境变化，养羊业发生了两个转变，一是人们从羊上获取的产品由以毛为主转变为以肉为主；二是在非牧区饲养方式由放牧饲养转变为舍饲圈养，因此肉羊舍饲应运而生。肉羊舍饲饲养与放牧饲养的不同，表现如下：①饲养结构改变。放牧养羊，夏秋季节主要靠放牧，在牧草和青绿饲料充裕季节基本不用补饲，而且上膘快，特别是秋季，草已结籽，增重较快，而舍饲羊仅仅靠人工调制的几种秸秆、干草以及一些精饲料，很容易造成日粮搭配不合理，营养不平衡，导致羊体质差，容易产生代谢病，甚至营养缺乏症。②投资成本加大。舍饲圈舍投入比放牧圈舍高得多。③疫病威胁加大。随着舍饲圈养，饲养密度增大，空气流动小，增加了发病和

传染的机会,而放牧饲养,白天到室外放牧,空气流通,发病概率和传染机会相对较低。④运动量减少。舍饲的羊由于运动量小,妊娠母羊产羔后,容易出现瘫痪、缺钙以及难产等问题,公羊运动量小,易造成精液质量差,配种能力下降。从整体角度来讲,舍饲养羊难度有所增加,对技术含量要求较高。

(二)自繁自育成本高,专业育肥效益可观

舍饲母羊饲养周期长,投入高,因此饲养母羊进行自繁自养成本高,效益差,特别是规模饲养,加上人工成本、水电、基础设施投入等,盈利可能性更小。相反,羔羊育肥由于周期短、周转快、投入小、见效快,近年来出现了很多专业户育肥和异地育肥,自己不养母羊,专门购买断奶羔羊,进行短期强度育肥,批量化生产,效益比较可观。

(三)便于农区规模养殖实现规模效益

大部分农区没有条件发展大规模养殖,常见的是小规模半放牧半舍饲养殖,一般规模不超过百余只。大规模放牧养殖受到水源、场地、草场等资源和气候条件的制约,在国家禁牧、保护草场的政策倡导下,在资源丰富的农区可以发展规模化舍饲养殖。

(四)便于羊群管理和新技术的应用

舍饲可以实行肉羊的阶段化饲养,便于对不同类型、不同生理阶段的肉羊进行分群,搭配日粮和饲养管理,也便于一些新技术的应用,如同期发情、频密繁殖等技术。同时,也利于对羊群做出整体规划,如规模舍饲育肥可实现全进全出周期性生产。

(五)利于区域生产和产业化经营

舍饲养殖在区域生产和产业化经营方面具有较大优势,如可由资金雄厚的投资者建立从种羊繁育到辐射带动周边农户自繁自养或专业育肥,实现产—加—销一体化模式,有利于形成品牌效应,实现产业化经营。

二、目前我国肉羊舍饲存在的认识误区

(一)品种误区

很多人对品种认识不够,不知道哪些品种适合搞肉羊生产,有的单纯追求国外引进品种的高生长速度,而忽略品种繁殖性能,造成综合效益下降。羊在品种上,按功能分为毛用、肉用、皮用、奶用等,尽管不同类型的羊都长肉,但由于其生产方向不同,产肉效率相差很大。例如,早熟肉用品种羊的屠宰率高达 60%～65%,一般品种为 45%～50%,毛用细毛羊仅为 35%～45%。因此,在从事肉羊生产前先要选择品种。从产肉角度讲,绵羊增重比山羊快,除考虑增重快外,还要考虑繁殖效率高,即选择那些产羔率高、常年发情的品种。

在选择适宜的肉羊品种方面应注意以下几个方面:

1. 综合考虑品种生产特性 因地制宜选择适合本地饲料资源、气候条件、消费习惯和自身技术水平的肉羊品种。我国地方品种羊产肉性能与国外专门化肉羊品种相比存在很大差距。例如,我国绵羊品种中的乌珠穆泌羊在国内为优秀的大型肉脂兼用羊品种,6～7 月龄公、母羊体重分别为 39.6 千克和 35.9 千克,成年公、母羊体重分别为 74.4 千克和 58.4 千克。但与国外肉用绵

羊品种相比,仍存在很大差距。例如,原产于英国的萨福克肉用羊,7月龄单胎公、母羔体重分别为81.7千克和63.5千克,成年公、母羊体重分别为136千克和91千克。可见,优秀的品种能带来高的经济效益。

2. 引入优良品种必须与当地气候和饲养方式相适应 在发展肉羊生产时,从外地引入良种,首先应考虑引入品种产地的气候条件、饲养方式与引入地是否适应。例如,引入西藏高海拔地区的羊到低海拔地区饲养是很难成功的,山东小尾寒羊在原产地为舍饲圈养,不耐远牧和爬山,若将其引入到山区和土种羊混群放牧饲养,其高产羔率和高生长速度不但表现不出来,而且其生产性能甚至较本地羊还要低很多。

3. 利用杂种优势,提高本地羊品种的产肉性能 发展肉羊生产依靠大量引入专门化肉羊品种是不切合生产实际的,应充分利用本地羊品种资源的优势,适当引入优秀肉羊作父本,以本地羊品种作母本,开展经济杂交是提高肉羊生产效率的一项行之有效的措施。

4. 发展肉羊生产不可盲目追求生长速度快、体型大的品种 虽然饲养生长速度快的肉羊品种收益高,但是其对饲草饲料条件和营养水平要求也高,而抗病力往往低于本地品种。因此在选择肉羊品种时,应结合本场或本地的实际条件来确定。

(二)圈舍误区

羊舍修建存在两个误区,一种是圈舍过于气派,另一种是圈舍过于简陋,满足不了羊只生理需求。羊舍与羊体健康和生产性能有着密切的关系,为了给肉羊创造适宜的环境条件,必须设计合理和因地制宜建造。圈舍建造常见误区如下:

1. 圈舍选址不合理 肉羊适宜生活在干燥、通风、凉爽的环境之中。羊场场址不宜选在低洼潮湿、排水不良、通风不畅的地方。有些羊场周围缺乏饲草料基地,远距离购买运输饲草会提高饲料成本,降低羊场经济效益。有些羊场选址时,忽略了防疫问题,将圈舍建到了疫区或环境污染严重的地方,易导致疫病暴发和蔓延。

2. 布局不合理　有的羊场整体布局缺乏科学性,将羊舍建到上风口,办公区建在下风口,有的甚至部分净道、污道交叉,有的没有病羊处理区和调入羊群隔离区。

3. 圈舍建筑类型不适宜　圈舍类型很多,如长方形羊舍、楼式羊舍、农膜暖棚式羊舍等。在建筑羊舍时,要根据当地的气候特点、饲养方式(是放牧为主,还是舍饲为主)及经营方向(提供种羊还是商品羊)等来确定建造不同类型的羊舍。例如,在我国南方,潮湿多雨,适宜建造楼式羊舍;在我国北方高寒地区,冬季气候寒冷干燥,在建造羊舍时首先要考虑圈舍冬季保暖问题,最好建造塑料薄膜暖棚羊舍;在气温变化较温和的地区,则可建造开放式或半开放式羊舍,既能满足羊的生活需要,又可节约建筑投资。

4. 圈舍建造不合理　圈舍及运动场朝向不合理、面积偏小,使羊舍拥挤、空气污浊,易导致疾病传播、发生异食癖、妊娠母羊由于挤撞而导致机械性流产;圈舍及运动场面积过大,则会造成土地的浪费和羊舍建筑成本的增加。圈舍窗户面积过小,则采光和通风性能差,羊粪尿使地面潮湿泥泞而易发生腐蹄病;而窗户面积过大,则不利于冬季圈舍的保温。圈舍地面的建造应以便于清扫和羊舒适并重为原则。水泥地面由于保温性能差,冬季羔羊躺卧,极易发生痢疾等胃肠道疾病。饲槽要求有一定的宽度、高度和长度,饲槽截面呈"U"形。"V"形饲槽或倒梯形饲槽,底部易形成死角,存积饲料不仅造成浪费,腐败变质的饲料还会引发胃肠道疾病。饲槽长度不够,会造成羊群发育不整齐,甚至出现羊争食而致残、致死的现象。

(三)饲料误区

羊是食草动物,有人认为养羊简单,喂点秸秆就可以了。其实不然,饲料是舍饲肉羊的物质基础。饲料搭配、调制和供应对于维持和提高生产性能至关重要,饲料成本占肉羊生产总成本的70％左右,所以节约饲料可明显提高养羊经济效益。饲料营养物质不平衡时,高出的部分就被浪费掉。所以,在肉羊生产中,不但要保证肉羊饲料种类的丰富,而且应根据肉羊的营养需要合理配合。目前,在肉羊饲养实践中,存在饲料搭配、加工调制、日粮投喂等方面的误区,使优良品种的生产性能发挥不出来,导致养羊不赚钱。

1. 饲料种类单一 羊肉富含蛋白质、脂肪、矿物质及维生素,且羊肉中的赖氨酸、精氨酸、组氨酸、丝氨酸和酪氨酸等人体所必需氨基酸种类齐全,而肉羊所需要的营养物质都要从日粮中获得,所采食的饲料绝大多数是植物及其副产品,营养价值低且不完全,这就要求肉羊饲料种类必须丰富。羊常用饲料概括起来可分为植物性饲料、动物性饲料、矿物质饲料和饲料添加剂四大类,其营养特点各不相同。①植物性饲料是羊的基本饲料,根据饲料来源、维生素含量及水分的多少分为青绿多汁饲料、粗干饲料、精饲料。青绿多汁饲料的营养特点是维生素含量丰富,干物质少,有效能值低;粗干饲料的营养特点是粗纤维含量高,可使羊有饱腹感,但营养价值低,尤其蛋白质含量低;精饲料包括农作物籽实及其加工副产品,其中禾本科籽实富含淀粉,可用作能量饲料,豆科籽实富含蛋白质,可用作蛋白质补充饲料。②动物性饲料中蛋白质含量高,必需氨基酸全面,是品质很好的蛋白质补充饲料。③矿物质饲料用于补充肉羊饲料中钙、磷、钠、氯、铁、锌、锰、硒、钼等的不足。④饲料添加剂是指维生素、抗生素、氨基酸、激素等人工培养或化学合成的产品,这些饲料虽然在饲料中用量很小,但对调整肉羊体内代谢、提高饲料利用率具有十分重要的作用。

有些养殖户有啥喂啥,不考虑搭配,导致肉羊出现营养不良。在很多农区舍饲养羊中,枯草季节经常见到饲喂大量干秸秆,多数农户把秸秆当作肉羊唯一的饲料,虽然花生蔓、红薯藤等具有较高的饲用价值,但大多数秸秆营养价值很低,如小麦秸、玉米秸、稻草的粗蛋白质含量仅为 3％～6％。秸秆还缺乏反刍动物所必需的维生素。此外,秸秆转化效率很低。因此,肉羊饲料种类必须多样化,秸秆只提供饱腹感的粗纤维,必须和青绿多汁饲料、优质青干草以及精饲料合理搭配。

2. 粗饲料品质差,缺乏必要的加工调制　粗饲料是饲养肉羊的基本饲料,在农区主要以农作物秸秆为主。秸秆饲料质地粗硬、适口性差、消化利用率不高,通过加工调制,可提高其适口性、采食量和消化率。例如,青贮可有效地保存青绿饲料的营养成分,一般青饲料晒干后养分损失 30％～50％,而经青贮保存后仅损失 10％左右,并且青贮饲料酸香可口、柔软多汁,可提高肉羊采食量和消化率。青贮时添加尿素等添加剂,还可提高青贮饲料的粗蛋白质等营养含量。又如,秸秆氨化可显著提高蛋白质含量,并且质地柔软、气味糊香、适口性好,可使采食量和有机物消化率均提高 20％以上。另外,还有铡短、揉搓等,养羊场(户)可根据实际情况加工调制粗饲料。

3. 日粮配合不科学　日粮是肉羊一昼夜所采食的饲料、饲草总量。日粮配合就是根据肉羊的营养需要量和饲料的营养成分,选择几种饲料互相搭配,使日粮营养水平能够满足肉羊营养需要。肉羊生产中常见的问题是饲养管理粗放,有啥吃啥,导致生产性能低下,易发生营养性疾病。例如,育肥日粮的精粗饲料比例一般以 45∶55 为好,若精饲料所占比例过低,则育肥效果不理想,过高则易患瘤胃酸中毒;若日粮中钙、磷比例失调,易引起尿结石症。不同生长阶段的肉羊,应提供不同日粮。例如,羔羊育肥日粮,既要满足生长所需高蛋白质,又要满足育肥所需高能量水平。而对于成年羊育肥日粮,由于主要是脂肪沉积过程,以高能量、低蛋白质水平为特征。

(四)饲养管理误区

1. 混合饲养 受传统放牧养羊习惯的影响,农户总是把不同年龄、品种、性别和体况的羊混养,这样很难满足不同个体的生长和生产需要,最终造成公、母羊乱交乱配、小羊长不大、弱羊长不壮、病羊治愈慢的严重后果,尤其是公、母羊乱交乱配极易形成近血缘交配,最终产下畸形胎和死胎,降低养羊效益。不少养羊户对肉羊管理粗放,如把羊拴在秸秆垛旁边任其自由采食,把未经处理的饲草和秸秆直接扔进羊圈,有时候还忽略提供饮水。另外,养羊的废弃物是农区的优质厩肥,很多农户对羊圈长期不清扫,饲养环境恶劣,一旦抵抗力降低,羊群极易发病。

2. 过早断奶或过晚断奶 许多养羊户将 1 月龄羔羊强行断奶,断奶后未能给予特别照顾,羔羊生长发育受到严重影响,死亡率高。羔羊 7 周龄左右能较好地消化粗饲料,但仅靠采食粗饲料无法获得足够的营养,必须供给一定量的易消化全价配合饲料、足够的优质青干草和清洁饮水。另外,羔羊断奶应经过 7~10 天的逐渐适应期,切忌突然断奶造成严重应激。而断奶过晚,易造成母羊的膘情不能及时恢复,影响母羊下一周期发情配种。

3. 营养供应不全面 肉羊具有对特定饲料的喜好和厌恶的特点,但羊对饲料的选择能力是非常有限的,特别是在舍饲条件下只能是喂什么、吃什么,在饥饿无助或严重缺乏某种营养素的条件下,羊还会强迫自己采食不喜欢的食物或异物。如饲喂青贮饲料的初期，羊都不愿意接受，但经过 1～2 周的诱导训练，可逐渐适应而不再拒绝。因此，尽量保持饲料长期稳定，需要更换时经 5～7 天过渡，尽量提高适口性，让羊多采食。此外，硒、碘、锌、钴、锰等微量元素添加剂对保障肉羊健康、保证产品质量作用很大，因此应采取适当方法及时补充。

4. 精粗饲料比例不当　羊属草食家畜，精饲料饲喂量以不超过日粮的 60％为宜。对 7 周龄前的羔羊消化系统与单胃动物类似，需要补充适量精饲料。断奶后的羔羊或成年羊大量饲喂精饲料既不经济，又有损健康。而舍饲羊只，饲喂劣质粗饲料或秸秆，也不能满足其营养需要，必须补充配方科学的精料补充料。

5. 不免疫不驱虫　不少养羊户认为肉羊不易生病，或心存侥幸心理，不预防接种，使一些地方传染病呈散发或地方性流行，肉羊死亡率高，经济效益低下。因此，养殖户要根据当地发生传染病的情况，选用相应的疫苗及驱虫药，适时进行预防接种、驱虫，防患于未然，发病再治势必损失巨大。

6. 忽视供给洁净的饮水　水是组成体液的主要成分，对机体正常物质代谢有重要作用，只有充足饮水，才能有良好的食欲，草料才能被很好地消化吸收，血液循环与体温调节才能正常进行。缺水比缺料的影响更大，但很多养殖户不重视饮水的质和量，使羊的增重达不到要求。因此，应按每只羊的日供水量为 3～5 升给肉羊提供深井水或流动而清洁的河水，使其自由饮用。

7. 羊群管理不精　很多饲养场（户）和中小型羊场，生产统计工作不到位，没有实行月报、年报，也不进行繁殖率、饲料消耗等方面的统计。对羊群的管理粗放，导致羊群结构不合理，造成繁殖效率低，饲养成本增加，经济效益低下，因此必须科学饲养、精细管理。

三、肉羊舍饲生产经营方向及特点

根据饲养品种和繁育类型,羊场可分为种羊生产、自繁自养和专业育肥。种羊生产场主要是进行优良品种纯繁,以出售种羊为主;自繁自养场主要是指饲养本地母羊和优良品种公羊,进行经济杂交,杂交后代进行育肥,以出售商品育肥羊为主;专业育肥场主要是指购买断奶羔羊或架子羊专门育肥,不进行种羊繁育,以强度育肥为主要生产方式,主要效益产出是出售育肥羊。

(一)种羊生产场特点

种羊场首先要有足够资金,选择市场需求的优良品种。种羊场对羊舍及附属设施、技术要求相对较高,要不断加强品种的选育,不断提高品种的生产性能。而且要组建种羊销售团队,保证生产的合格种羊能够以较高价格销售。种羊生产场适合拥有雄厚资金的投资者。

(二)自繁自养场特点

自繁自养场规模可大可小,基础母羊从几只到几百只都可,规模小的可以在庭院饲养,规模大的需要专门建场,对技术、场区规划、管理要求更高。目前,我国自繁自养羊场占大多数,农户饲养基础母羊一般在几十只到上百只,中小型羊场基础母羊一般在100只以上。该类型羊场生产环节包括繁育、羔羊育肥,规模稍大的羊场还包含自配饲料、饲草料基地建设及储备。

(三)专业育肥场特点

专业育肥场生产周期短,资金周转快,见效快,对圈舍条件要求不高,可以直接购买商品饲草料进行短期育肥。一般育肥周期在 3～4 个月,全年生产 3～4 批次,效益的关键因素是育肥速度、购买羊只价格和育肥羊的出售价格。

第二章 因地制宜投资建设羊场

编者的话：肉羊场建设可因地制宜、因陋就简，专业育肥场建设相对单一；自繁自养场和种羊场在羊舍建筑方面分为空怀羊舍、妊娠羊舍、产房、哺乳羊舍、育成羊舍、公羊舍、隔离羊舍等。本章从自繁自养场和种羊场角度全面介绍羊场的选址、规划布局、羊舍建设以及饲养设备设施。

一、羊场选址

羊场是肉羊生活和生产的场所，其选址和规划必须为肉羊创造一个符合其生理需求和生产需要的优良环境。另外，科学选址可为防疫和管理提供便利。

选择场址时，要考虑的因素很多，主要包括羊场的地理位置、地区常年的主风向、防疫条件、水源水质、输电线路和交通情况等。除此之外，还要考虑对羊场周围环境的保护。选址时，还要有长远的规划，以保证羊场长期稳定的发展。

羊场选址需要注意以下几点：

①根据羊适宜生活在干燥、通风、凉爽环境中的生活习性，羊场应建造在地势相对较高、朝阳背风、排水良好、通风干燥的地方。羊生活在潮湿的环境当中，容易感染寄生虫，发生腐蹄病。切忌将羊场建造在低洼潮湿、通风不畅的地方，如山谷。

②羊场的土质应具有透水性强、吸湿性和导热性小的特质，

最好是质地均匀、抗压性强的沙质土壤,这种土壤能够使羊舍保持干燥,减少羊病的发生。土质为透水性差、吸湿性好、导热性大的黄土和黏土的地方则不适合建造羊场。

③羊场周围要有充足且清洁的水源,以保证羊场生产、生活及防火等用水。水源最好是泉水、溪涧水、井水或经过消毒的自来水。切记不能在严重缺水或水源受到污染的地区建场。

④羊场周围要有充足的饲草和饲料来源。粗饲料是肉羊日粮主要组成部分,粗饲料需要量大,而且体积大,如果周围没有充足的饲草,远距离运输饲草成本将非常大,因此必须建立饲草和饲料基地以保证供给。特别注意的是,要为繁殖母羊备足越冬干草和青绿多汁饲料。

⑤羊场要建立在交通方便的地区,以保证饲料供给、能源供应和邮电通讯,但离主干道1 000米以上。

⑥羊场应远离疫区或牲畜市场和食品加工厂,以防外界病原的流入。同时,羊场建在居民区的下风头,距离住宅区1 000米以上,处于水源的下游,以免对环境造成污染。

⑦羊场地势要平坦开阔,坡度以不超过5°为宜。地下水位在2米以下,最高水位要在青贮坑底部0.5米以下。对于山区地势变化大、面积小、坡度大的特点,建造时可以根据实际情况进行调节。

二、羊场规划及布局

羊场各建筑物的配置与布局,既要保证羊正常的生活生产,又要提高劳动效率,还要合理利用土地和节约建造成本。

羊场建筑按功能分为办公区、饲料储藏加工区、生产区和粪污处理区,按主风向上依次布局。各区以围墙、绿化带隔离。生产区内净道和污道分开设置,避免交叉。

羊场布局如图 2-1 所示。

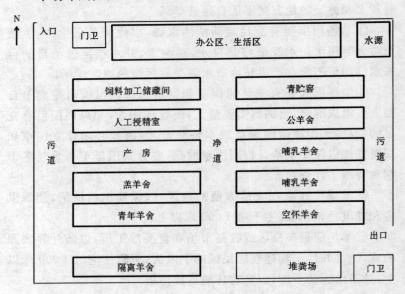

图 2-1　羊场布局示意图

办公室、生活区:羊场的办公区和生活区一般要设在靠近羊场大门口的位置或设在场外,其位置要在羊场的上风口。

饲料加工储藏间:饲料加工间要靠近大门,便于饲料的加工和搬运。

青贮窖:青贮窖应建在饲料储藏加工区,便于饲料加工时取用方便。

人工授精室:应建在距公羊舍较近的地方,便于采精和输精。

羊舍:羊舍间应以长轴平行配置,前后对齐,间距保持在 10米左右,便于饲养管理和羊舍的采光,利于防疫。

产房:产房建在母羊舍下风口,或者设在成年母羊舍内。

病羊隔离舍:兽医室和病羊隔离舍应建在羊舍的下风头,距离羊舍 100 米以上的位置,附近设有病死羊无害化处理的深坑或深井,以防止疾病的传播。

三、羊场建设

(一)羊场建造的基本参数

1. 羊舍面积的大小 合适的羊舍面积有利于提高圈舍利用、防寒防暑。各类羊舍适宜面积如表 2-1 所示。

表 2-1　各类羊舍适宜面积

羊的类别	适宜面积(米^2)	羊的类别	适宜面积(米^2)
种公羊(独栏)	4~6	成年羯羊和育成公羊	0.7~0.9
群养公羊	1.2~2.25	1 岁育成母羊	0.7~0.8
春季产羔母羊	1.1~1.6	育成母羊	0.6~0.8
冬季产羔母羊	1.4~2.0	3~4 月龄羔羊	占母羊舍面积的 20%

运动场面积一般为羊舍面积的 2~2.5 倍,种公羊运动场面积按照 4 米^2/只计算;产房面积可按基础母羊数的 20%~25% 来计算。

2. 羊舍温度 冬季,羊舍温度保持在 0℃ 以上,产羔室的温度应保持在 5℃ 以上。夏季,羊舍温度不得超过 30℃。

3. 羊舍湿度 羊舍内的空气相对湿度应保持在 50%~70%,地面不宜太过潮湿,通风换气、驱除湿气;空气过于干燥炎热时可使用湿帘或喷雾降温加湿。

4. 羊舍采光系数 采光系数指窗户有效采光面积与舍内地面面积之比。羊舍要有充足的光照,根据羊的类别不同,不同羊舍的采光系数也有所不同。成年羊舍采光系数为 1:15,羔羊舍采光系数为 1:15～20,产房的采光系数可以小些。

5. 通风换气参数 通风换气的目的是对羊舍降温,排出舍内污浊空气,保持空气新鲜。羊舍的通风换气参数因季节和羊的类别而不同,冬季时成年羊舍的通风换气参数为 0.6～0.7 米³/只·分,育成羔羊为 0.3 米³/只·分;夏季成年羊舍为 1.1～1.4 米³/只·分,育成羔羊为 0.65 米³/只·分。

6. 羊舍地面 羊舍地面分为实地面和漏缝地面两种类型。实地面又因建筑材料的不同分为整实黏土、三合土(石灰:碎石:黏土比例为 1:2:4)、石地、砖地、水泥地、木质地面等。漏缝地面由木条、水泥、塑料、镀锌钢丝等材料做成,条宽度为 32 毫米、厚 36 毫米,漏缝宽 15 毫米,适用于成年羊和 3 月龄以上的羔羊,镀锌钢丝网眼要略小于羊蹄面积。

7. 墙 墙是羊舍的主要结构,它起着承重屋顶、隔断和防护功能,要求坚固、耐久、抗震、防火、抗冻和隔热。我国多采用土墙、砖墙和石墙等,目前新建规模羊舍多采用彩钢板,国外一般采用金属铝板、胶合板和玻璃纤维等材料建成保温隔热墙,效果很好。我国农村中小型羊场,建议使用砖墙。

8. 门窗 羊舍按照每 200 只羊设 1 个大门,门宽 2.5～3.0 米,高 1.8～2.0 米。建成双扇门,便于大车进入羊舍扫粪。窗宽 1～1.2 米,高 0.7～0.9 米,窗台距地面 1.3～1.5 米高。门窗的设计原则是既便于进出、采光和通风,又能防寒保暖。北方羊舍北侧窗户可小些,利于保暖。

9. 屋顶和天棚 屋顶具有防雨和保温隔热的作用,材料有木板、塑料薄膜、石棉瓦、彩钢板等。对于寒冷地区的羊舍可以加上天棚,其上放置冬草,以增强羊舍的保温性能。羊舍屋顶可以采用单坡式、双坡式、平顶式、钟楼式和拱式屋顶等。羊舍净高（地面到天棚的高度）2.0～2.4米为宜，寒冷地区可以适当降低。单坡式羊舍一般前高1.7～2.0米，后高2.2～2.5米，屋顶斜面呈30°。

（二）家庭小型肉羊场的建造

家庭小型肉羊场主要有两种形式，一是庭院式羊场，二是"四统一分"式羊场。庭院式羊场没有固定的建筑模式，可利用旧屋、空猪圈等改建而成。也可在院中建简易羊舍，舍顶用茅草等覆盖，用泥土筑墙，向阳面仅筑1.2～1.5米高的半墙，上面敞开，或舍墙用石块砌成，围墙用土石筑成或竹条等编扎而成。简易羊舍三面有墙，一面敞开。优点是结构简单、经济实用、投资较少、夏季空气流通好、阳光充足、舍内凉爽；缺点是坚固性差、易受风雨侵袭、冬季较寒冷。目前，利用庭院养羊仍然是我国农村的一种主要养羊方式，但不符合现代肉羊发展趋势，也不符合新农村建设的要求，是养羊生产中需要逐渐取缔的形式。

"四统一分"式羊场是在村外建养羊小区，实行"四统一分"管理，即羊舍实行统一规划、统一设计、统一建设、统一服务和每户承租一个或几个单元的羊舍进行分户饲养。这种方式可以把养羊户组织起来，形成小群体大规模养羊，便于采用先进的科学技术，适合规模化生产，容易形成销售市场。同时，克服了对村镇环境的污染。图2-2为比较经济适用的中小型羊场。实践证明，"四统一分"式羊场是我国农村地区现有生产条件

图2-2 中小型羊场羊舍布局图

下凝聚分散养殖户进行规模化生产的一种有效方式,但这种方式也存在因羊只和饲养员流动性大而造成的不利于防疫、农户饲养管理不规范等问题。目前,北京市顺义区建立了一种在"四统一分"基础上由农户集资入股,股份制经营的羊场,统一购羊、统一饲养,克服了"四统一分"式羊场不利于防疫和饲养管理不规范等问题,值得借鉴。山东省嘉祥县在养羊小区方面做得也比较好,散养户都集中到养殖小区。上述形式的羊场,实质是规模养羊,因此羊场的设计与建造可参照"(三)规模化肉羊场的建造"。

(三)规模化肉羊场的建造

1. 羊舍的基本结构

(1)地面　地面是羊躺卧休息、排泄和生产的地方。羊舍地面有实地面和漏缝地面两种类型。实地面又因建筑材料的不同有黏土、三合土、石地、水泥地、砖地、木质地面等。黏土地面易于去表换新,造价低廉,但易潮湿和不便消毒,干燥地区可采用。三合土地面,以石灰∶碎石∶黏土比例为1∶2∶4混合后夯实而成,较黏土地面好。砖地面(图2-3)和木质地面保暖,也便于清扫和消毒,适合于寒冷地区和冬季产房、哺乳羔羊舍地面。石地面和水泥地面不保温、太硬,但便于清扫与消毒,用于饲料间、人工授精室、兽医室、进出或饲喂通道较好。漏缝地面用木条(图2-4)、竹

图2-3　砖铺地面

图2-4　木条漏缝地板

条、水泥板(图 2-5)或镀锌钢丝网等材料做成,能给羊提供干燥的卧地,适于潮湿多雨地区及经济价值高的种羊使用。所用木条宽3.2厘米,厚 3.6厘米,间隙 1～1.5厘米,必须结实,宽窄、厚薄均匀,面平。

(2)墙、屋顶 墙和屋顶对羊舍起保温隔热,防雨水作用。

我国常采用土墙、砖墙和石墙等。土墙造价低,保温好,但易潮湿和不易消毒,小规模简易羊舍可采用。砖墙有半砖墙、一砖墙和一砖半墙等,墙越厚保温性能越好,建筑成本越高,北方寒冷地区可适当增加墙壁厚度。石墙坚固耐久,但导热性大,寒冷地区使用效果差。国外,采用金属铝板、胶合板、玻璃纤维材料建成保温隔热墙,效果很好。

屋顶建筑常用材料有彩钢板、石棉瓦、泥、塑料薄膜、油毡等,其上可建天棚,以增强羊舍的保温和隔热性能。屋顶可为单坡式或双坡式,羊舍净高度一般不低于 2.5 米,寒冷地区羊舍可适当低一些,以利于保温。南方多雨地区羊舍顶要防漏,墙基要有排水设施。

(3)门、窗 门和窗应尽量宽敞些,以保持舍内通风干燥和足够的光照,使舍内的有害气体尽快排出,特别是春秋季节,增加空气流动,减少呼吸道传染概率。舍门高度 2 米,门宽度,育肥羊1.2 米,繁殖母羊 1.5～3 米。窗户面积一般为羊舍地面面积的1/15,下缘离地高 1.5 米,南窗应大于北窗。为防止冬春贼风的侵袭,也可在舍顶设可调节的气窗。多风沙地区门窗可增加盖板,门、窗和通风天窗等应有加固装置。

(4)运动场 运动场一般设在羊舍的南面,低于羊舍地面30厘米,向南缓缓倾斜以利排水。以沙质壤土为好,便于排水和保持干燥。夏季炎热地区羊舍及运动场应有遮阴设施。运动场四周设围栏或砌墙,高 1.2～1.5 米(图 2-6)。

羊舍建筑材料要因地制宜,就地取材。有条件的地方可建成

图 2-5　水泥漏缝地板　　　　　图 2-6　荫棚运动场

永久性的坚固羊舍,但也不要造价太高,以免增加养羊成本。

2. 羊舍的主要类型　羊舍的类型因屋顶的形式、平面布局和羊舍内设施的不同而不同,下面介绍几种典型羊舍类型。

(1)半开放式羊舍　由密闭羊舍和运动场组成,按密闭羊舍屋顶形状分为双坡式和单坡式两种。

双坡羊舍屋顶为"人"字形,屋顶采用 10 厘米厚的彩钢瓦,两边采用卷帘,冬季卷帘放下以挡风保温,夏季卷帘卷起以便通风降温,羊舍内中间是通道,能够通过机动喂料车,一般为 2.5～4 米,通道两侧是圈栏,用于羊休息、采食,在羊舍南北两侧均有运动场(图 2-7)。

图 2-7　半开放双坡式羊舍

单坡羊舍,羊舍内和运动场均朝向南侧,运动场由围栏或墙砌成,适合夏季较热、冬季较为寒冷的地区使用(图2-8)。

图 2-8　半开放单坡式羊舍

　　(2)封闭式羊舍　根据屋顶形状分为单坡和双坡两种,这类羊舍四周墙壁密闭性好,双坡式的屋顶跨度大,在南侧或四周可设置窗户,舍内设有运动场。优点是冬季保温效果好,适合冬季十分寒冷的地区使用,可以作为冬季产羔舍,也可作为育肥羊舍;缺点是造价高,并且在室内设置运动场会减少羊舍内有效面积(图2-9,图2-10)。

图 2-9　封闭双坡式羊舍　　　　图 2-10　密闭式单坡羊舍

（3）高床羊舍　这类羊舍多依势山坡而建，距离地面1～2米建造吊楼，屋顶采用双坡式，地面采用漏缝地板，漏缝一般为1～1.5厘米，羊的粪尿漏到地板下的粪尿池。这种羊舍利于通风、防潮并且结构较为简单，由于羊与粪尿隔离，利于预防疾病，但由于与地面隔离，对饲料要求较高，特别是微量元素。适合南方炎热潮湿地区（图2-11）。

图2-11　高床羊舍

（4）塑料暖棚羊舍　根据其屋顶形式可以分为棚式和半棚式，适用于寒冷地区或越冬使用，目前在我国北方地区正大力推广。这种羊舍以原有的三面围墙的敞棚圈舍为基础，在距棚前房檐2～3米处建造一高1.2米左右的矮墙，矮墙中间留一约2米宽的舍门或窗户，矮墙顶端与棚檐之间用木杆支撑，扣棚角度一般为15°～25°，上面覆盖塑料薄膜，再用木条加以固定，也可以用钢架支撑，塑料薄膜与棚檐和矮墙连接处用泥土压紧，防止透风。舍门用门帘遮挡，在东西两墙距地面1.5米处各留一可控制开关的进气孔。在棚顶最高处也留2个与进气孔直径相当的可调节排气窗。这种羊舍在气温降至0℃～5℃时，棚内温度较棚外可提高5℃～10℃；气温降至-20℃～-30℃，棚内温度较棚外提高20℃左右。其原理是利用白天太阳能的蓄积和畜体自身散发的热量，达到防寒保温的目的。塑料暖棚羊舍适合在高寒地区或冬季采用(图 2-12,图 2-13)。

图 2-12　塑料暖棚羊舍　　　　　**图 2-13　塑料暖棚产房**

　　塑料暖棚养羊,应根据舍内温湿度等随时调节进气孔和排气窗的大小。羊出棚时,要提前打开进气孔、排气窗和圈门,逐渐降低舍温,使舍内气温与舍外气温大体一致再出棚,否则易引起风寒。由于农膜易损坏,要时常观察修补,舍内粪便要及时清除,勤垫干土,保持舍内清洁干燥。

　　(5)楼式羊舍　多在南方潮湿地区使用,这类羊舍地板采用漏缝地板,距离地面 1～2 米,屋顶采用双坡式,后墙与山墙用片石砌成,前墙为立柱木栅栏墙,木条漏缝地板,漏缝一般为1～1.5 厘米,羊的粪尿漏下

图 2-14　楼式羊舍

后顺着斜坡汇入到羊舍后的粪尿池。这种羊舍通风、防潮,并且结构较为简单,适合南方炎热潮湿地区使用(图 2-14)。

四、羊场主要设施

(一)饲　槽

饲槽分为固定式和移动式两种。

1. 固定式饲槽　用砖、土坯及混凝土、铁皮、塑料管等材料制成。若为双坡式对头羊舍,饲槽应修在中间通道两侧;若为单坡式对尾羊舍,饲槽应修在窗户走道一侧。饲槽要求上宽下窄。一般上宽约50厘米,深20~25厘米,槽高40~50厘米。槽长依羊只数量而定,一般按每只大羊30厘米、羔羊20厘米计算饲槽长度。如果采用机械喂料,也可以不修建专用饲槽,将过道较圈舍提高20厘米,在过道两边修建20厘米高挡板,直接将饲料撒到过道即可。无论固定式专用料槽,还是过道饲喂都不要留死角,以防剩料霉变。这种饲槽适合规模舍饲养羊场(图2-15)。

2. 移动式饲槽　可用木板或铁皮制作。一般长1.5~2米,上宽35厘米,下宽30厘米,深20厘米左右。这种饲槽的优点是使用方便,制造简单。为防止饲喂时羊攀踏翻槽,饲槽两端最好设有装拆方便的固定架,对于铁皮饲槽,应在表面喷防锈材料(图2-16)。

图 2-15　水泥饲槽

图 2-16　移动式饲槽

（二）栅 栏

1. 运动场围栏 运动场围栏一般可以有实体墙、花墙、钢管、木棍、一定强度铁丝网。高度一般为 110～130 厘米，因品种不同而有所差别，山羊品种相对高一些。

2. 活动母仔栏 为大中型羊场产羔期常用设备。用木条、竹片或钢筋制成。作用是隔离产羔母羊和带羔母羊，便于母羊和羔羊的护理。产羔时可将 1.2～1.5 米长的栅栏或栅板在羊舍靠墙处围成 1.2～1.5 米² 的小栏，每栏供 1 只带羔母羊使用。

3. 羔羊补饲栏 可用多个栅栏、栅板或网栏，在羊舍或运动场靠墙围成足够面积的围栏，并在栏间插入 1 个大羊不能进、羔羊可以自由进出采食的栅门即可。

4. 分群栏 大中型羊场在进行羊群鉴定、分群及防疫时，常将羊群按要求进行分组。利用分群栏可减轻劳动强度，提高工作效率。分群栏用许多栅板连接而成，在羊群的入口处是喇叭形，中间为一小通道，只容羊单行前进。沿通道两旁，可根据需要设置若干个可以向两边开门的小圈。通过门的开、关可控制羊沿通道前进或进入小圈。

（三）药 浴 池

药浴池是专供因螨类等外寄生虫引发的羊疥癣病而设置的。疥癣病是一种对于羊有很大危害的外寄生虫，它会引发羊只脱毛、奇痒、消瘦和贫血等症状，严重时会导致死亡。这种寄生虫病多发于秋冬季节，在春秋季剪毛后及时进行药浴可有效控制疥癣病的发生。

随着生产实践，药浴池得到了很大改进，以下介绍几种主要的药浴池的建造方法及其设备。

1. 水泥药浴池 在地面上挖一个长为 15 米、宽为 1.5 米、深为 1.5 米的沟槽,用砖或石头将底部和四周砌上,并用水泥抹面至光滑平整。砌成的药浴池长为 10～15 米,底宽 0.3～0.6 米,口宽 0.6～1.0 米,深度要在 1 米以上,以 1 只羊能够单排前进且不能调头为宜。药浴池的入口处修成光滑的陡坡,并在入口外修建围栏或圆形实体墙,以供暂时存放准备药浴的羊。出口处要修成小阶梯式的斜坡,其坡度要缓,出口处要修建围栏,围栏内修建能够向药浴池倾斜的水泥滴流台,刚刚进行完药浴的羊要在滴流台处停留片刻(图 2-17,图 2-18)。

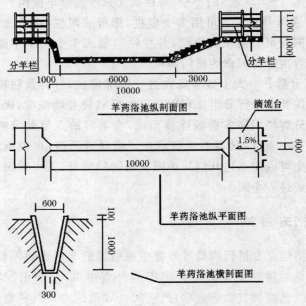

图 2-17 水泥药浴池示意图 (单位:毫米)

2. 喷淋式药浴池 喷淋式药浴池是由砖或石头砌成再用水泥抹面的圆形药浴池,一般直径为 8～10 米,高 1.5～1.7 米。它

图 2-18　水泥砌成的药浴池

由待淋圈、淋场、滤淋栏、进水池、过滤池和贮液池组成，其中待淋羊圈入口小、后端大。药浴时，先把羊赶入待淋圈，关闭待淋圈入口，再打开淋场门让羊进入淋场，关闭淋场入口，最后开启药浴装置进行药浴。药浴进行一段时间后，药液开始浸透毛根，此时关闭水阀，将羊赶入滤液栏，待滤液基本流尽之后打开滤液栏出口将完成药浴的羊放出。这种药浴装置的主要优点是不用人工抓羊，可以节省劳力，提高效率，同时也减少了羊只的伤亡。缺点是建筑费用高，因此适合大型羊场或养羊业非常集中的地区使用。

（四）青贮窖

青贮窖应选择在距羊舍较近、土质较硬、高燥、易排水、地下水位低的地方。青贮窖为长方形、正方形和圆形均可，可以分为地上、半地下和全地下窖。地上窖需要砌墙，将青贮窖内壁抹灰，防止漏气跑风；地面下的青贮窖底部至少高出地下水位 0.5 米以上，最好也用砖砌墙，窖壁要光滑平坦，一端做成坡道，便于运输。建造全地下式青贮窖选择地下水位低的位置，挖一个圆坑，直径

2~3米,深度为3米,也可直径1.5米,深度为2.5米,窖壁要平整、光滑。晾晒1~2天,待窖壁晒干后即可进行青贮。半地下式青贮窖的建造方法与全地下式基本相同,只是深度较浅,装填青贮高于地面,以增加储备量。图2-19为长方形青贮窖。

图2-19 青 贮 窖

青贮窖的建造方法简单,且成本低,容易推广,在普通农户家即可建造。为了使青贮饲料不直接接触土层造成青贮发生霉烂,许多地方采用塑料薄膜铺垫在青贮窖四周,效果不错。

规模羊场适合建青贮窖,形状为长方形,侧截面为直角梯形,上宽下窄,并在一端留有坡度,便于运输青贮,深度一般在3~5米,宽4米左右,长度根据储量而定。

(五)饲料库

对于规模较大的羊场,应建有饲料库及配料库。饲料库要求通风良好、干燥、清洁,并且尽量远离火源。夏季要求饲料库防潮,以免饲料发生霉变。饲料库地面要平整,四周设有排水沟,建筑形式有封闭式、半开放式或棚式。可以就地取材,因地制宜。图2-20和图2-21分别为精饲料加工储藏间和粗饲料加工储藏间。

图 2-20 精饲料加工储藏间

图 2-21 粗饲料加工储藏间

(六)供水设备

应在羊场附近修建水井、水塔或贮水池,并通过管道引入羊舍或运动场。水井与羊舍应相隔 100 米以上,以防粪便污染水源。运动场或羊舍内应设可移动的铁制、木制水槽或用砖、水泥砌成的固定水槽。此外,还应备有小型水槽或水桶,以供冬季产羔时使用。目前,自动饮水设备应用推广,可节约用水、保证清洁(图 2-22)。

图 2-22 自动饮水设备

(七)人工授精室

人工授精室应设有采精室、精液检查室和输精室。人工授精室要求保温、明亮,采精和输精室要求温度为 20℃左右,精液检查室 25℃。输精室应有足够的面积,采光系数不应少于 1:15。为节约投资,提高棚舍利用率,在不影响母羊及羔羊的情况下,可利用一部分产羔室作人工授精室。室内禁止吸烟,不能放置有异味的药品,避免伤害精子。

第三章 科学选择合理利用肉羊品种

阅读提示:品种是决定肉羊养殖效益的关键因素,肉羊舍饲是指在圈养条件下,利用人工饲养以羊肉为主要产品的养羊生产。毛绒用羊和裘皮用羊养殖,除了羊绒和裘皮,羊肉也占主要比重。因此,本章介绍的肉羊品种既包括生长速度较快的国外粗毛羊如萨福克羊、德克塞尔羊、杜泊羊、陶赛特羊等,也包括一些毛绒用羊和裘皮用羊。目前,我国的地方品种产肉性能都不高,国外引进的肉羊品种肉用性能好,但繁殖率较低,为季节性繁殖。因此,在选择利用品种时,首先要定位,如果是种羊生产,以出售种羊为主,首先要考虑选择那些肉用性能较好,同时繁殖率相对较高的品种;如果是以生产商品肉羊为主,就要考虑利用杂交优势生产方式,选择肉用性能较好的品种为父本和繁殖性能较好(如小尾寒羊、大尾寒羊、湖羊等)的地方品种为母本。本章在介绍理想肉羊品种特征、肉羊品种资源利用方式以及我国的地方品种和引进品种之外,也重点讲述了一些杂交效果较好的实例,目的是为不同地区选择杂交生产提供借鉴和参考,并介绍了引种方法及注意事项。

进行肉羊舍饲生产不仅要考虑增重快还要考虑繁殖效率高,也就是要选择那些产羔率高、常年发情的品种。羊的品种,按提供的主要产品分为毛用、肉用、皮用、奶用等,尽管不同类型的羊都产肉,但由于其生产方向不同,产肉效率相差很大。因此,在从事肉羊生产前先要考虑品种因素,同时还要进行生产经营方向定位。肉羊生产主要分为三个经营方向：种羊生产，自繁自养，专业育肥。如果定位种羊生产，那就选择优秀的肉用种羊；如果定位自繁自养肉用商品羊生产，建议采用杂交方式生产，利用地方品种为母本，肉用羊为父本，杂交后代羔羊育肥出栏；如果定位专业育肥，建议采用 2～4 月龄羔羊快速育肥，集约化、工厂化全年均衡生产。

目前，适合我国养殖的优良肉羊品种有萨福克羊、无角陶赛特羊、杜泊羊、美利奴羊、德克塞尔羊、夏洛莱羊、小尾寒羊、大尾寒羊、湖羊和波尔山羊。小尾寒羊和湖羊是我国发展肉羊生产或利用肉羊品种杂交培育肉羊新品种常用的优良母本。还有一些适合我国特殊地域恶劣自然条件的优良地方品种，如新疆阿勒泰羊、内蒙古乌珠穆沁羊、西藏藏羊等。

一、理想肉羊品种的特征

（一）产肉性能好

作为肉羊，首要特征就是产肉性能要好，屠宰率在 50% 以上，生长速度快，日增重达到 250 克左右，饲料转化率高，肉质要好，可生产高档羊肉。

（二）繁殖力高

理想的肉羊品种应常年发情，繁殖性能好，主要体现为发情早，多胎，成活率高，一般 8～10 月龄可配种，种羊繁育场要在周岁以上配种，产羔率在 200% 以上，成活率在 90% 以上。

(三)抗性强

抗性是指具有耐粗饲,适应性强,具体表现为食性强,抗逆性,易舍饲。食性强表现为食量大,不挑食,饲料报酬高;抗逆性主要表现为抗病,耐粗饲;易舍饲应为性情温驯,对圈舍条件要求不高。

二、适合肉用的绵羊品种

(一)引进的绵羊品种

1. 萨福克羊

(1)原产地及育种史　原产于英国英格兰东南的萨福克、诺福克、剑桥和艾塞克斯等地。以南丘羊为父本,当地体大、瘦肉率高的黑脸有角诺福克羊为母本杂交培育而成,是 19 世纪初培育出来的品种。在英国、美国被用作终端杂交的主要品种。

图 3-1　黑头萨福克绵羊

(2)外貌特征　分黑头和白头两种,体格较大,头短而宽,公、母羊均无角,颈粗短,胸宽深,背腰平直,后躯发育丰满。黑头萨福克羊头、耳及四肢为黑色,被毛含有色纤维,四肢粗壮结实(图 3-1)。

(3)生产性能　成年公羊体重 100～110 千克,成年母羊 60～70 千克。早熟、生长发育快,产肉性能好,产羔率 141.7%～157.7%,3 月龄羔羊胴体重达 17 千克,肉嫩脂少。剪毛量 3～4

千克,毛长 7～8 厘米,毛细 56～58 支,净毛率 60%,是生产大胴体和优质羔羊肉的理想品种。

(4)利用效果 因早熟,生长发育快,产肉性能好,美国、英国、澳大利亚等国都将该品种作为生产羔羊肉的终端父本品种。母羊母性好,产羔率中等。我国新疆维吾尔自治区在 1989 年从澳大利亚引入 100 多只,除进行纯种繁殖外,还同当地粗毛羊杂交生产羔羊肉。我国引进萨福克羊后,大多对其进行风土驯化,使其适应了各地的自然生态条件,并能保持其原有的优良性状,大量繁衍后代,并对我国地方品种改良起到重要作用,特别是新疆地区。

①与小尾寒羊杂交效果 在山西省晋中市,郭千虎等(2003)用萨福克羊、小尾寒羊和当地绵羊进行了三元杂交试验,萨寒本二代杂种 10 月龄体重为 51.63 千克,比当地绵羊提高 50.66%;萨寒本二代杂种 10 月龄胴体重 25.97 千克,净肉重 20.69 千克,屠宰率 51.29%,胴体净肉率 79.67%;萨寒本杂种盈利 252.21 元/只,与当地羊相比,经济效益提高 91.58%。通过对比试验认为,在山西省,萨福克羊杂交效果比用无角陶赛特羊、夏洛莱羊和边区莱斯特羊好。在甘肃省河西走廊农区,袁得光等(2003)用萨福克羊与引入当地的小尾寒羊进行试验,结果萨寒杂种 4 月龄体重为 37.62 千克,平均日增重 375.60 克,育肥 50 天增重 18.78 千克,较小尾寒羊分别提高 13.21%、18.86%;胴体重 19.46 千克,净肉重 16.16 千克,屠宰率 51.88%,胴体净肉率 83.04%,胴体重比小尾寒羊提高 13.4%,净肉重提高 14.94%。在新疆和山东地区杂交利用也取得了较好的效果,用萨福克公羊与小尾寒羊母羊杂交,在相同的饲养管理条件下,杂交羊体高、体长、胸围、生长发育速度、胴体重、净肉重等均高于当地同龄小尾寒羊,经济效益显著(何振富等,2009;于跃武等,2005;王金文等,2006),其生长速度快、产肉性能高的优点已体现出来,杂种优势显著(王旭东等,

2011；孙俊峰，2010）。

②与湖羊杂交效果　主要是利用湖羊的高产羔率和萨福克羊生长速度快的优势，进行羔羊肉的生产，以获得最佳的经济效益。钱建共等（2002）用萨福克公羊与湖羊进行了杂交试验，参试母羊在配种期至配种后1个月、产前1个月至哺乳期补饲精料，每只羊每天补饲250克，青粗饲料足量供应。每天饲喂4次青饲料，晚上增加投料量，不限量，并补饲精料，用鸭嘴式饮水器自由饮水。2～4月龄补饲的精料每千克含粗蛋白质180克，消化能13.38兆焦，每只羊每天补饲350克；4～6月龄补饲的精料每千克含粗蛋白质170克，消化能12.96兆焦，每只羊每天补饲300克；补饲精料均为自配料，另加肉用羊饲料添加剂。结果萨×湖一代杂种羊6月龄体重38.02千克，2月龄平均日增重为285克，6月龄为183克，比同龄湖羊分别提高26.61%、46.15%和24.49%；7月龄羔羊屠宰，宰前活重为37.33千克，胴体重18.45千克，屠宰率48.92%，胴体净肉率74.55%，骨肉比1∶3.99，眼肌面积14.51厘米^2，GR值1.03厘米，各项指标都好于湖羊。杨永林等（2005）利用湖羊与萨福克杂交进行羔羊肉生产，3月龄萨湖杂交后代平均体重超过细毛羊和湖羊。4月龄，萨湖杂交后代进入生长高峰，平均日增重为250.42克，分别比细毛羊、湖羊提高33.03%、23.66%。

③与细毛羊杂交效果　与青海毛肉兼用细毛羊杂交结果表明，杂交羊初生重、6月龄体重、周岁胸宽、后躯宽、体斜长和5月龄胴体重、净肉重、肉骨比分别比细毛羊提高2.57%、19.74%、9.20%、6.24%和10.30%、45.60%、16.56%，杂交效果非常明显（党海森，官却扎西，2010）。与中国美利奴军垦型羊杂交，一代羔羊体躯丰满，颈短而圆，胸深背宽，四肢短而粗壮，生长快，耐粗饲，死亡少，好管理，生产周期短（6～8月龄可出售或屠宰），屠宰率高，经济效益好（张若孝等，1994）。

④与各地其他土种绵羊杂交效果　用萨福克羊与阿勒泰羊杂交后,其胴体品质得到明显改善,尾脂率由原来的15.75%下降到1.06%～2.79%,杂交羔羊胴体外观评级达到"1级"标准,更加符合现代人追求"高蛋白、低脂肪"的消费需求(杨会国等,2007)。与新疆土杂羊(阿勒泰羊、哈萨克羊等羊的杂交后代)杂交,在提高屠宰性能方面取得了较好的效果(吴荷群等,2010)。也有研究表明,利用萨福克羊杂交,能提高藏羊、大尾粗毛羊的羊肉生产水平,宜于在生产实践中推广(严宝兴等,2009;张永和,王佩举,1994)。

萨福克羊引进我国后,与各类地方品种羊进行了杂交,实践证明可提高杂交后代羔羊的生长发育速度和产肉能力,可以在农区和半细毛羊产区作为父本与当地母羊杂交,如在山东、河北、河南等地与小尾寒羊杂交,在江浙一带与湖羊进行杂交利用。

2. 无角陶赛特羊

(1)原产地及育种史　原产于大洋洲的澳大利亚和新西兰。以雷兰羊和有角陶塞特羊为母本,考力代羊为父本,然后再用有角陶塞特公羊回交,选择所生无角后代培育而成。

(2)外貌特征　公、母羊均无角,全身被毛白色。颈粗短,胸宽深,背腰平直,躯体呈圆筒状,四肢粗短。后躯丰满,面部、四肢及蹄白色(见图3-2)。

(3)生产性能　成年公羊体重90～100千克,成年母羊55～65千克。剪毛量2～3千

图3-2　无角陶赛特绵羊

克,毛长7.5～10厘米,毛细48～58支,胴体品质和产肉性能好,产羔率130%左右。

(4)利用效果　该品种具有早熟,生长发育快,全年发情和耐

热及适应干燥气候的特点。我国新疆和内蒙古自治区及中国农业科学院畜牧研究所在 20 世纪 80 年代末和 90 年代初从澳大利亚引入。除进行纯种繁育外,还用于同新疆、内蒙古自治区的地方绵羊和山东小尾寒羊进行杂交,生产羔羊肉。在澳大利亚作为生产大型羔羊肉的父本。

在新疆维吾尔自治区用无角陶赛特公羊与伊犁、阿勒泰等 8 个地州的低代细毛杂种羊、哈萨克羊、阿勒泰羊、蒙古羊、卡拉库尔羊以及当地土种粗毛羊杂交,一代杂种羊具有明显的父本特征,肉用体型明显,前胸凸出,胸深且宽,肋骨开张、背宽,后躯丰满,后躯呈倒“U”形。在伊犁巴州种畜场,陶杂一代羊 5 月龄宰前活重 34.07 千克,胴体重 16.67 千克,净肉重 12.77 千克,屠宰率为 48.92%,胴体净肉率为 76.6%;在阿勒泰地区,陶阿杂种一代羊 7 月龄宰前活重 38.1 千克,胴体重 17.47 千克,净肉重 14.11 千克,屠宰率 45.85%,胴体净肉率 80%,与同龄的阿勒泰羔羊相比,胴体重低 0.99 千克,但净肉重却高 1.91 千克。

在山东地区,无角陶赛特品种公羊与小尾寒羊杂交,全年舍饲,精料由玉米、麸皮、豆粕组成,比例分别为 50%、30% 和 20%,日喂量 0.5～0.7 千克;粗饲料有草粉、花生秧、青贮玉米等,粗饲料由母羊自由采食。结果陶×寒 F1 代杂种羊公羊 6 月龄体重为 40.44 千克,周龄体重为 96.7 千克,2 岁体重为 148 千克;母羊上述各年龄体重指标相应为 35.22 千克、47.82 千克和 70.17 千克。6 月龄公羔宰前活重 44.41 千克,胴体重 24.2 千克,屠宰率 54.49%,胴体净肉率 79.11%,眼肌面积为 17.33 厘米^2。

在甘肃河西走廊农区,无角陶赛特公羊与当地蒙古羊杂交,F1 代杂种 6 月龄公、母羊体重分别为 38.89 千克和 36.55 千克,周岁公、母羊体重分别为 46.92 千克和 43.45 千克,与当地同龄土种羊相比,分别提高 54.69%、80.32%、53.76%、75.65% 和 53.84%、65.08%。

3. 杜泊羊

（1）原产地及育种史　原产于南非,由有角陶赛特和黑头波斯羊杂交培育而成。

（2）外貌特征　杜泊羊属于粗毛羊,有黑头和白头两种,大部分无角,被毛白色,可季节性脱毛,短瘦尾。体型大,外观圆筒形,胸深宽,后躯丰满,四肢粗壮结实。分长毛型和短毛型,长毛型羊生产地毯毛,较适应寒冷的气候条件;短毛型羊毛短,被毛没有纺织价值,但能较好地抗炎热和雨淋。大多数南非人喜欢饲养短毛型杜泊羊,因此现在该品种的选育方向主要是短毛型(图3-3)。该品种羊在6月龄以后,其被毛都会生理性自动脱毛,脱毛时间一般从4月份开始至11月份。公羊脱毛一般比母羊早15天左右。食草性广,不择食,耐粗饲,抗病力较强,性情温驯,合群性强,易管理,能广泛适应多种气候条件和生态环境,但

图3-3　杜泊绵羊

怕潮湿,不耐湿热,在潮湿条件下,易感染肝片吸虫病,羔羊易感球虫病。

（3）生产性能　初生重公羔5.2千克,母羔4.4千克;3月龄公羔重33.4千克,母羔重29.3千克;6月龄公羔重59.4千克,母羔重51.4千克;12月龄公羊重82.1千克,母羊重71.3千克;18月龄公羊重106.2千克,母羊重80.2千克;24月龄公羊重120千克,母羊重85千克。3月龄公羔日增重为300克,母羔为250克;3～6月龄公羔日增重为290克,母羔为250克。杜泊公羊性成熟一般在5～6月龄,母羊初情期在5月龄。母羊发情期多集中在8月份至翌年4月份;母羊的繁殖表现主要取决于营养和管理水

平,因此在年度间、种群间和地区之间差异较大。正常情况下,产羔率为140%,但在良好的饲养管理条件下,可进行两年产三胎。母羊泌乳力强,护羔性好。王建刚等(2005)报道了从澳大利亚引入我国杜泊纯种羊的种质特性及适应能力,公羊一般在5~6月龄爬跨,体重为50~55千克,适宜的配种年龄为15~16月龄,体重为90千克左右。母羊初情期为5月龄,体重为45~50千克,适宜的配种年龄为8~10月龄,体重为60千克左右;初产母羊的情期受胎率为58%,两情期受胎率为96.7%。

(4)利用效果　杜泊羊由于品种特性突出,受到业界普遍关注,从20世纪90年代起,纷纷被世界上主要羊肉生产国引进,我国2001年开始引入,目前主要分布在山东、天津、河北、内蒙古、陕西、河南、辽宁、北京、山西、云南、宁夏、新疆和甘肃等省、市、自治区。杜泊羊与我国各地绵羊杂交利用取得了较好的效果:

①杂交一代的增重速度加快,肉用体型明显改善　陕西省洛南县信德种羊场利用杜泊公羊与小尾寒羊母羊杂交,所产杂种一代羔羊平均初生重为3.9千克,比母本羔羊3.7千克增加5.4%;100日龄活重33.8千克,较母本同龄羔20千克提高69.0%;哺乳期平均日增重300.1克,比母本日增重163克高84.1%;杂交一代羔羊体型已明显倾向杜泊羔羊(马章全等,2005)。敦伟涛等(2010)报道杜泊与小尾寒羊进行杂交,6月龄杜寒杂交羔羊胴体重(14.67千克)显著高于小尾寒羊10.67千克,产肉性能得到改善;胸宽(19.67厘米)显著大于小尾寒羊(15.67厘米),腰角宽(17.00厘米)显著大于小尾寒羊(13.83厘米),大腿围(31.50厘米)显著大于小尾寒羊(27.33),肉用体型明显。

②产肉性能和板皮质量显著提高　研究报道,5月龄杜泊绵羊与呼伦贝尔羊杂交一代羔羊具有体重大、出肉率高的特点,屠宰率达51.7%,净肉率达42.6%,骨肉比为1:5.05。产肉性能明显高于呼伦贝尔羊,且羊肉味美,肉嫩多汁(秦秀娟等,2003)。

山东东营市超群畜牧有限责任公司引入肉用白头杜泊绵羊与小尾寒羊杂交生产肥羔,4 月龄杂交羊出栏活重达到 36 千克,比 5 月龄出栏的小尾寒羊(30 千克)高出 20%,胴体重(18 千克)比小尾寒羊(13 千克)高出 38.5%,净肉重(15 千克)比小尾寒羊(9.5 千克)高出 57.9%(陈华等,2004)。曹斌云(2002)指出杜泊绵羊与蒙古羊、小尾寒羊、同羊杂交后代不仅生长速度快,哺乳期日增重可达 300 克,比地方绵羊品种的生长速度快 1 倍以上。从形状和脂肪颜色及分布情况测量、胴体品质分析均达到优质羊肉的标准,且肉质鲜嫩,脂肪熔点低,无膻味,深受城乡消费者青睐(曹斌云等,2004)。福州超大现代农业集团山东东营畜牧分公司与内蒙古鄂温克旗畜牧工作站合作,2001 年用杜泊公羊与当地母羊杂交试验,经过对 40 只 F1 代测定:在完全放牧的饲养管理条件下,4 月龄断奶公羔体重平均为 37.5 千克,母羔为 34.0 千克;5 月龄杜×蒙杂种羔羊胴体平均重 20.22 千克,净肉重 16.65 千克,屠宰率 51.7%,净肉率为 82.34%。同时,杜×蒙杂种羊出生时毛密,皮肤较厚,游走能力强,对牧草无择食性,对寒冷抵抗能力强,成活率高等。山东省凯银集团鲁良肉羊公司齐耀武等(2005)报道,该公司用白头杜泊公羊和黑头杜泊公羊分别与小尾寒羊、洼地绵羊杂交,在生产场较好的相同饲养管理条件下,用 5 月龄杂种 F1、F2 代分别进行屠宰测定产肉性能试验,效果理想,经济效益显著,见表 3-1。

表 3-1 杜泊羊与小尾寒羊、洼地绵羊杂种羔羊产肉力比较

组 别	只 数	初生重（千克）	5 月龄重（千克）	平均日增重（克）	屠宰率（%）	净肉率（%）	背膘厚度（厘米）
小尾寒羊	38	3.3	14.2	158	39.5	31.3	0.29
洼地绵羊	35	3.6	15.4	171	42.9	35.1	0.31
杜×寒 F1♂	83	3.7	55.4	338	50.8	43.7	0.48

续表 3-1

组 别	只 数	初生重 (千克)	5月龄重 (千克)	平均日增重 (克)	屠宰率 (%)	净肉率 (%)	背膘厚度 (厘米)
杜×寒 F1♀	77	3.5	48.0	291	51.3	45.8	0.51
杜×洼 F1♂	96	4.4	49.5	295	53.5	47.6	0.65
杜×洼 F1♀	84	4.3	46.4	275	54.6	48.1	0.72
杜×寒 F2♂	46	4.64	54.91	366	51.61	42.8	0.44
杜×寒 F2♀	56	4.1	50.62	337	52.42	44.3	0.48
杜×洼 F2♂	54	4.8	50.23	335	52.7	45.9	0.48
杜×洼 F2♀	48	4.4	47.34	315	54.73	47.7	0.54

4. 德国肉用美利奴羊

(1)原产地及育种史 原产于德国,主要分布在萨克林州农区。用泊列考斯和英国来斯特公羊同德国原产地的美利奴母羊杂交培育而成。

(2)外貌特征 公、母羊均无角,颈部及体躯皆无皱褶。体格大,胸深宽,背腰平直,肌肉丰满,后躯发育良好。被毛白色,密而长,弯曲明显(图 3-4)。

图 3-4 德国肉用美利奴绵羊(公、母羊)

（3）生产性能　成年公羊体重100～140千克，母羊70～80千克。羔羊生长发育快，日增重300～350克，130天可屠宰，活重可达38～45千克，胴体重18～22千克，屠宰率47%～49%。毛密而长，弯曲明显。公羊毛长8～10厘米，母羊为6～8厘米。公羊毛细度为22～26微米，母羊为22～24微米。公羊剪毛量7～10千克，母羊为4～5千克。净毛率40%～50%。繁殖能力强，性早熟，产羔率150%～250%。

（4）利用效果　该品种于20世纪50年代末和60年代初由前德意志民主共和国引入千余只，分别饲养在辽宁、内蒙古、山西、河北、山东、安徽、江苏、河南、陕西、甘肃、青海、云南等省、自治区。该品种对气候干燥、降水量少的地区有良好的适应能力且耐粗饲。除进行纯种繁殖外，曾与蒙古羊、西藏羊、小尾寒羊和同羊杂交，后代被毛品质明显改善，生长发育快，产肉性能良好。该品种是育成内蒙古细毛羊的父系品种之一。山东省嘉祥县种羊场用德美与小尾寒羊杂交，其F1代在夏秋放牧为主适当补饲，冬春舍饲的条件下初生重3.39千克，比小尾寒羊提高17.30%；3月龄重24.60千克，比小尾寒羊提高24.73%；3月龄平均日增重229.67克，比小尾寒羊提高17.18%。该品种的早熟性比萨福克等肉羊差，加之毛细，对环境条件和饲养管理的要求比肉用羊高。闫江林等（2008）报道德国美利奴羊与新疆细毛羊杂交F1代在育肥性能、产肉性能方面比新疆细毛羊具有显著的优势，他们认为利用德国美利奴肉用性能、羊毛综合品质好等特点，在农区进行经济杂交和杂种羊的杂交改良，可提高绵羊产肉和产毛性能，具有一定的生产实践意义。张玉斌等（2008）报道德国美利奴羊与小尾寒羊杂交F1代羔羊平均初生重4.10千克，9月龄、12月龄日增重分别为122.67克和110.80克，均显著高于小尾寒羊。适合在新疆、内蒙古、东北等细毛羊和半细毛羊产区进行杂交生产肉羊。

5. 夏洛莱羊

(1)原产地及育种史　原产于法国中部的夏洛莱丘陵和谷地。以英国莱斯特羊、南丘羊为父本，当地的细毛羊为母本杂交育成。1974年才正式得到法国农业部的承认，并定为品种。

图3-5　夏洛莱绵羊

(2)外貌特征　体型大，胸宽深，背腰长平，后躯发育好，肌肉丰满。被毛白而细短，头无毛或有少量粗毛，四肢下部无细毛。皮肤呈粉红或灰色（图3-5）。

(3)生产性能　体重成年公羊110～140千克，母羊80～100千克；周岁公羊70～90千克，母羊50～70千克；4月龄育肥羔羊35～45千克。毛长7厘米，毛细50～60支。屠宰率50％。4～6月龄羔羊胴体重20～23千克，胴体质量好，瘦肉多，脂肪少，产羔率在180％以上。

(4)利用效果　该品种早熟，耐粗饲，采食能力强，对寒冷潮湿或干热气候适应性良好，是生产肥羔的优良品种。我国在20世纪80年代末和90年代初，由内蒙古畜牧科学院、河北、河南、辽宁、山东等地分别引入。除进行纯种繁殖外，已开始同当地粗毛羊杂交生产羔羊肉。该品种也曾从英国、德国、比利时、瑞士、西班牙、葡萄牙及东欧的一些国家引入。用夏洛莱作父本，在不同饲养条件下与多个品种的母羊杂交。河南张长峰（2000）、江苏刘孝德等（2000）、青海张廷华（1995）、山东冉汝俊等（1998）、山西毛杨毅（2000）用夏洛莱作父本，在不同饲养条件下与山东洼地绵羊、江苏徐州细毛羊、青海藏羊、河南小尾寒羊等多个品种的母羊杂交。夏杂F1代屠宰测定各项指标均有明显提高：宰前活重提高8.15％～59.56％，胴体重提高24.48％～81.50％，净肉重提高 39.13％～57.88％,屠宰率达 43.21％～55.10％,肉骨比提高 7.12％～8.27％。江苏省徐州市用夏洛莱与当地细毛羊 F1 代育肥 125 天,宰前活重提高 8.15％,胴体重提高 24.48％,净肉率提高 15.83％,屠宰率提高 13.54％,肉骨比提高 7.12％,肉用性能显著改善。母志海等(2008)报道夏洛莱公羊与小尾寒羊母羊杂交 F1 代羔羊 3 月龄断奶重和 6 月龄体重分别为 24.83 千克和 42.21 千克,比同龄小尾寒羊羔羊分别增加 5.11 千克和 8.83 千克,提高 25.93％和 26.46％;3 月龄和 6 月龄胴体重分别为 14.24 千克和 23.35 千克,比同龄小尾寒羊羔羊分别增加了 3.86 千克和 5.68 千克,提高 37.25％和 32.16％。

6. 德克塞尔肉羊

(1)产地　德克塞尔羊原产于荷兰德克塞尔岛沿岸,最初本地德克塞尔羊属短脂尾羊,在 18 世纪中叶引入林肯羊、莱斯特羊进行杂交,19 世纪初育成德克塞尔肉羊品种。

(2)外貌特征　德克塞尔羊光脸、光腿,腿短,宽脸,黑鼻,短耳,部分羊耳部有黑斑,体型较宽,毛被白色(图 3-6)。

(3)生产性能　成年公羊体重 100～120 千克,母羊 70～80 千克,产毛量 3.5～5.5 千克,细度 46～56 支。母羊性成熟大约 7 个月,繁殖季节接近 5 个月,产羔率高,初产母羊产羔率 130％,二胎产羔率 170％,三胎以上可达 195％。母性强,泌乳性能好,羔羊生长发育快,

图 3-6　德克塞尔绵羊

双羔羊日增重达 250 克,断奶重(12 周龄)平均 25 千克,24 周龄屠宰体重平均为 44 千克。

(4)利用效果　黑龙江省牡丹江市用德克塞尔作父本,与东

北细毛羊进行杂交,以德克塞尔杂一代作试验组,东北细毛羊为对照组,两组试验的条件相同,结果试验组羔羊的初生重比对照组增加 0.71 千克,提高了 21.13%;100 天断奶重比对照组增加了 3.94 千克,提高了 15.07%;16 月龄剪毛后体重比对照组增加 5.16 千克,提高 12.47%(宋海等,1999)。德克塞尔的杂种羔羊外貌趋向于父本,生长发育、产肉性能、体型外貌均显著优于母本,效果显著,是提高羊肉产量的理想型父本。宁夏畜牧兽医研究所用德克塞尔作父本,与小尾寒羊杂交,在农户较粗放的舍饲条件下其 F1 代公羔初生重为 3.15 千克、母羔 2.41 千克、平均 2.70 千克;1 月龄平均日增重达 214.33 克。党海森(2009)报道德克塞尔与青海毛肉兼用细毛羊杂交,杂交一代初生重为 4.14 千克,6 月龄体重 23.65 千克,8 月龄体重 25.80 千克,周岁体重 36.66 千克,1.5 岁胴体重 21.33 千克,净肉重 15.47 千克,骨肉比 1:2.97,分别比青海细毛羊提高 6.7%、17.6%、18.4%、18.64%、12.26%、17.46%、18.87%,杂交效果显著。适合在农区和半细毛羊产区作为父本进行杂交生产肉羊。

以上列举的都是一些适合作为杂交父本的引进肉用绵羊品种,经过多年的杂交效果比较和适应观察,适合作为经济杂交父本。

(二)我国地方绵羊品种

1. 乌珠穆沁羊

(1)产地及分布 内蒙古自治区锡林郭勒盟东北部东乌珠穆沁旗和西乌珠穆沁旗,以及毗邻的阿巴哈纳尔旗、阿巴嘎旗部分地区。

(2)外貌特征 体格高大,体躯长,背腰宽,肌肉丰满,全身骨骼坚实,结构匀称。鼻梁隆起,额稍宽,耳大下垂或半下垂。公羊多数有半螺旋状角,母羊多数无角。脂尾厚而肥大,呈椭圆形。尾的正中线出现纵沟,脂尾分成左右两半。毛色混杂,全白者占 10.43%;体躯为白色、头颈为黑色者占 62.1%;体躯杂色者占 11.74%。

（3）生产性能　乌珠穆沁羊生长发育快,4 月龄体重公、母羔分别为 33.9 千克、32.1 千克。成年公、母羊体重分别为 74.43 千克、58.4 千克,屠宰率平均为 51.4%,净肉率 45.64%。母羊一年一产,平均产羔率为 100.2%。

2. 阿勒泰大尾羊

（1）产地及分布　新疆维吾尔自治区北部阿勒泰地区的福海县、阿勒泰市和富蕴县。

（2）外貌特征　头部大小适中,鼻梁稍隆起,公羊隆起较甚。耳大下垂,公羊有较大的螺旋形角,母羊多数有角,角小。颈长中等,胸宽深,鬐甲平宽,背腰平直,肌肉发育良好。后躯较前躯高,股部肌肉丰满,四肢高大结实。尾脂呈方圆形,被覆短而深的毛,尾脂下缘正中部有浅纵沟,将脂尾分成对称的两半。被毛颜色以棕红为主,约占 41%;头黄色,体躯为白色的占 27%,纯黑和纯白的各占 16%。

（3）生产性能　成年公羊平均体重 85.6 千克,成年母羊 67.4 千克。成年褐羊屠宰率 53%,5 月龄羯羊屠宰率为 48.1%。阿勒泰大尾羊毛质量较差,毛色混杂,成年公羊年剪毛量平均为 2.47 千克,成年母羊为 2.07 千克,产羔率平均为 110.3%。

3. 大尾寒羊

（1）产地及分布　河北南部的邯郸、邢台以及沧州地区的部分县,山东聊城市的临清、冠县、高唐以及河南的郑县等地。

（2）外貌特征　头稍长,鼻梁隆起,耳大下垂,公、母羊均无角。颈细稍长,前躯发育欠佳,后肢发育良好,尻部倾斜,乳房发育良好。尾大肥厚,长过飞节,有的接近或拖及地面,毛白色。

（3）生产性能　成年公、母羊平均体重分别为 72 千克和 52

千克;成年母羊尾重 10 千克左右,种公羊高的达 35 千克。成年公、母羊年平均剪毛量分别为 3.3 千克和 2.7 千克;毛长 10.4 厘米和 10.2 厘米,净毛率 45%～63%。成年公羊屠宰率 54.21%,净肉率 45.11%,尾脂重 7.8 千克。

大尾寒羊性成熟早,母羊一般为 5～7 月龄,公羊为 6～8 月龄。母羊初配羊龄 10～12 月龄,公羊 1.5～2 岁开始配种。全年发情,可一年两产或两年三产,产羔率为 185%～205%。

4. 小尾寒羊

(1)产地及分布　河南新乡、开封地区,山东的菏泽、济宁地区,河北的黑龙港流域一带、江苏北部和淮北等地。

(2)外貌特征　小尾寒羊四肢较长,体躯高大,前后躯都较发达。脂尾短,一般都在飞节以上。公羊有角,呈螺旋状;母羊半数有角,角小。头、颈较长,鼻梁稍隆起,耳大下垂。被毛为白色,少数在头部及四肢有黑褐色斑点、斑块。随着不断选育,小尾寒羊出现了两种类型,一是山东高腿型小尾寒羊,体型高大,适合舍饲,肉用性能较差;二是河北小尾寒羊,公、母羊大部分无角,体型较小,较山东高腿小尾寒羊体矮 10～15 厘米,肉用性能较好。

(3)生产性能　性成熟早,母羊 5～6 月龄发情,公羊 7～8 月龄可配种。母羊全年发情,可一年两产或两年三产,产羔率平均 261%。山东高腿小尾寒羊成年公、母羊平均体重分别为 103.49 千克和 64.4 千克;体高分别为 95.2 厘米和 83.7 厘米,体长分别为 103.3 厘米和 90.9 厘米;胸围分别为 119.0 厘米和 106.0 厘米;尾长分别为 17.6 厘米和 14.9 厘米;尾宽分别为 17.1 厘米和 14.7 厘米。河北小尾寒羊成年公、母羊平均体重分别为 63.5 千克和 53.8 千克;体高分别为 79.0 厘米和 72.5 厘米;体长分别为 79.4 厘米和 74.1 厘米;胸围分别为 91.6 厘米和 88.6 厘米;尾长分别为 32.4 厘米和 31.7 厘米;尾宽分别为 17.6 厘米和 16.6 厘米。

(4)利用效果　小尾寒羊是我国著名的地方优良绵羊品种之

一,繁殖性能突出,性成熟早,常年发情配种产羔,产羔率较高,适合农区舍饲,20世纪80年代已推广到东北、华北、西北、西南地区等20多个省份,大量的杂交试验表明小尾寒羊是较为理想的杂交和新品种培育的优良母本。

5. 多浪羊

(1)原产地及育种史 多浪羊是新疆的一个优良肉脂兼用型绵羊品种,主要分布于塔克拉玛干大沙漠的西南边缘,叶尔羌河流域的麦盖提、巴楚、岳普湖、莎车等县。目前,该品种羊总数在10万只以上,因其中心产区在麦盖提县,故又称麦盖提羊。多浪羊是用阿富汗的瓦尔吉尔肥尾羊与当地土种羊杂交,经70余年的精心培育而成。

(2)特征 多浪羊头比较长,鼻梁隆起,耳大下垂,眼大有神,公羊无角或有小角,母羊皆无角,颈窄而细长,胸宽深,肩宽,肋骨拱圆,背腰平直,躯干长,后躯肌肉发达,尾大而不下垂,四肢高而有力。初生羔羊全身被毛多为褐色或棕黄色,也有少数为黑色、深褐色,个别为白色。

(3)生产性能 多浪羊肉用性能良好。周岁种公羊平均体重66.7千克,种母羊59.88千克;屠宰率50%以上,胴体净肉率69.38%,尾脂占胴体重的12.69%。性成熟早,在舍饲条件下常年发情,初配年龄一般为8月龄,大部分母羊可以两年三产,饲养条件好时一年可两产,双羔率可达50%～60%,三羔率5%～12%,并有产4羔者。

6. 洼地绵羊

(1)原产地 洼地绵羊原产于滨州市的无棣、沾化、阳信、滨城、惠民、博兴等县区及东营、德州、济南、淄博的部分县市。

(2)特征 体质结实,结构匀称。被毛白色、异质、有少量干死毛,少数个体头部有黑褐色斑点。公、母羊均无角,鼻梁微隆起,耳大稍下垂。头大小适中,头颈结合良好。公羊雄壮,头大颈粗,母羊清秀,头小颈长。胸背腰发育和结合良好,前胸较窄,后躯发达,四肢较短。体躯侧视呈长方形。脂尾肥厚,呈方圆形,尾尖上翻,紧贴在尾沟中,尾长不过飞节,尾宽大于尾长,尾底向内上方卷曲。母羊乳房发育良好,弹性适中,乳头对称,少数母羊有四乳头。公羊睾丸大小适中,发育良好,附睾明显。

(3)生产性能　一级成年羊,公羊体重 67 千克,体长 77 厘米,胸围 93 厘米;母羊体重 45 千克,体高 65 厘米,体长 71 厘米,胸围 85 厘米。在常年放牧为主的饲养条件下,公羊 6 月龄屠宰率 43%,净肉率 34%。母羊初情期 3.5～4 月龄,初配期为 5.5 月龄。公羊 3.5～4 月龄有性行为表现,8～10 月龄可用于配种;母羊常年发情,发情周期 18±4 天,妊娠期 150 天,初产母羊产羔率 178%,经产母羊胎均繁殖率 202.98%,经选育羊群可达到 259.13%。洼地绵羊还有 4 乳头个体,产羔率和泌乳力高于双乳头羊,皮毛品质羔皮被毛洁白。花穗明显;板皮致密结实、柔软有弹性,可用于制革。剪毛分春、秋 2 次,成年公羊年产毛量 2.0 千克,母羊 1.8 千克,净毛率 60%。被毛异质,其中无髓毛占 51%,有髓毛占 23%,两型毛占 23%。

(4)利用效果　洼地绵羊作为我国比较优秀的地方品种之一,具有耐粗饲、抗逆性强等特点,冉汝俊等(1998)利用夏洛莱羊、无角陶塞特公羊与洼地绵羊母羊杂交,在相同饲养条件下,杂交一代羊初生重及各月龄体重均显著高于同龄洼地绵羊。4 月龄断奶羊经 122 天放牧补饲肥育,杂一代羊日增重比同龄洼地绵羊分别增加 49.17 克和 28.27 克,屠宰率分别提高 8.62% 和 6.61%,净肉率分别提高 8.97% 和 6.55%。

7. 湖　羊

(1)产地与分布　湖羊是我国特有的羔皮用绵羊品种,是目前世界上少有的白色羔皮品种,主要分布在浙江的吴兴、嘉兴、桐乡、余杭、杭州和江苏的吴江等县及上海的部分郊区县。

（2）品种特征　湖羊以生长快、成熟早，四季发情，多胎多羔，羔皮花纹美丽而著称。羔羊生后 1～2 天屠宰的羔皮洁白光润，皮板轻柔，花纹呈波浪形、紧贴皮板，在国际市场上享有很高的声誉，有"软宝石"的美称。

（3）生产性能　成年公羊平均体重 48.7 千克，成年母羊 36.5 千克，被毛异质，成年公羊剪毛量 1.65 千克，成年母羊 1.17 千克，屠宰率 40%～50%，母羊产羔率 228.9%。

（4）利用情况　湖羊具有多胎和四季发情的繁殖特点，适合作母本与引进肉羊杂交生产肉羊。

8. 同　羊

（1）产地与分布　主要分布在陕西渭北的东部和中部。

（2）品种特征　角小如栗，耳薄如茧，肋细如箸，尾大如扇，体型如酒瓶五大特点。肉质肥嫩多汁，瘦肉绯红，陕西关中独特地方风味的"羊肉泡馍"和"腊羊肉"等食品皆以同羊肉为上选。羔皮颜色洁白，具有珍珠样卷曲，华案美观悦目，即所谓的"珍珠皮"。

（3）生产性能　在中心产区有 50% 的个体具有同质或基本同质的被毛，毛长 9 厘米，成年公羊剪毛量 1.4 千克，净毛率 55.4%，成年公羊平均体重 44.0 千克，成年母羊 39.2 千克，成年羯羊屠宰率 57.6%，常年发情，一般两年三胎，每胎 1 羔，产双羔者不多。

（4）利用情况　该品种对当地的生态环境有很好的适应性，可以与引进品种进行经济杂交，进行羊肉等商品性生产。

9. 兰州大尾羊

（1）产地与分布　主要分布在甘肃省兰州及其郊区县。

（2）品种特征　该品种羊生长发育快、易肥育，肉脂率高，肉质鲜嫩，被毛洁白，异质，干死毛占 17.5%，头大小中等，公、母羊均无角，脂尾肥大，方圆平展，自然下垂至飞节，尾中有沟，将尾巴分为两瓣,尾尖外翻,紧贴中沟,尾面着生被毛,内面光滑无毛呈淡红色。

(3)生产性能 成年公羊体重58.9千克,成年母羊屠宰率44.4%,10月龄羯羊屠宰率60.3%,成年羯羊屠宰率63%。两年三胎,产羔率117%。

10. 滩羊

(1)产地与分布 滩羊属名贵裘皮用绵羊品种,主要分布在宁夏石嘴山市的惠农、平罗等县及吴忠市、中宁、中卫、灵武、盐池、同心及银川市贺兰、永宁等县,相邻的甘肃景泰、靖远,陕西定边、靖边,内蒙古阿拉善左旗、右旗也有分布,其中以惠农、平罗、贺兰等县所产滩羊二毛皮品质最好。

(2)品种特征 滩羊体格中等,结构匀称,体质结实,头清秀,鼻梁隆起,公羊有大角呈螺旋状向外伸展,母羊有小角或无角,背腰平直、狭窄,脂尾,尾根部宽,向下逐渐变小呈三角形,四肢结实,体躯毛白色,头多为黑色、褐色或黑、褐、白相间。

(3)生产性能 滩羊每年5月下旬至6月中旬剪毛,9月上旬剪1次秋毛。毛自然长度12厘米,每只产毛量1.6~2.0千克,母羊1.5~1.8千克,净毛率44%~51%,羊毛含脂率7%,无干死毛,呈明显长毛辫状。

(4)利用情况 滩羊作为我国优质裘皮用绵羊品种,对产区严酷的自然条件有良好的适应性,具有一定的产肉、产皮、产毛能力,是优良的地方品种。近年来,利用萨福克公羊与滩羊杂交效果良好。

以上是一些我国的地方品种,比较适合作杂交母本,像小尾寒羊、湖羊等繁殖性能非常显著,常年发情,非常适合作杂交母本。

三、适合肉用的山羊品种

（一）引进的山羊品种

1. 波尔山羊

（1）原产地及育种史　原产于非洲，在品种形成过程中至少吸收了南非、埃及、欧洲、印度等地的 5 个山羊品种基因，在南非，波尔山羊分布在 4 个省，大致分为 5 个类型，即普通波尔山羊、长毛波尔山羊、无角波尔山羊、土种波尔山羊和改良的波尔山羊。改良的波尔山羊，由卡普省的波尔山羊育种协会从 1959 年在普通波尔山羊的基础上，经过几十年的严格选育形成，已经注册为改良的波尔山羊。

（2）特征　波尔山羊具有强健的头，眼睛清秀，罗马鼻，头颈部及前肢比较发达，背部结实宽厚，腿臀部丰满，四肢结实有力。毛色为白色，头、耳、颈部颜色为浅红色至褐色，但不超过肩部，双侧眼睑有色（图3-7）。

图 3-7　波尔山羊

（3）生产性能　波尔山羊体格大，生长发育快，成年公羊体重 90～135 千克，成年母羊 60～90 千克。羔羊初生重 3～4 千克，断奶体重 27～30 千克，周岁内日增重平均为 190 克，断奶前日增重一般为 200 克以上，6 月龄体重 40 千克左右。肉用性能好，8～10 月龄屠宰率为 48%，周岁、2周岁、3 周岁时分别为 50%、52% 和 54%，4 岁时达到 56%～

60%。胴体瘦而不干,肉厚而不肥,色泽纯正。膻味小,多汁鲜嫩,备受消费者青睐。性早熟,产羔率160%～180%,多胎率比例高,单羔母羊为7.6%,双羔母羊为56.5%,三羔母羊为33.2%。

(4)利用效果 由于波尔山羊体质强壮,四肢发达,善于长距离采食,可以采食灌木枝叶,适合于灌木林及山区放牧,在没有灌木林的草场放牧以及舍饲表现很好,对热带、亚热带及温带气候都有较强的适应能力。天津、山东、江苏、陕西、河北从澳大利亚、南非等国引入后,据观察,初生重大,生长快,与当地山羊杂交效果较好。目前,我国很多地方均有波尔山羊的杂交后代,大大提高了本地山羊的生长速度和产肉率,其杂交后代育肥效果较好。波尔山羊作为最好的肉用山羊品种引入我国后,与各地山羊进行了大量杂交试验。如与四川简阳大耳山羊、川仁寿土山羊、四川乐至黑山羊、四川嘉阳土山羊、四川营山黑山羊、山东鲁北白山羊、甘肃两当县土羊、江苏徐州白山羊、云南云岭黑山羊、宁夏土山羊、南江黄羊、云阳土山羊、江苏扬州淮山羊、河南槐山羊、贵州黑山羊、宜昌白山羊、海南黑山羊等。除了波尔山羊与江苏扬州淮山羊杂交F1代初生重分别下降3.30%和12.90%外,其他多个省区的波尔山羊杂交一代生长发育指标均比对照组有明显提高。公羔初生重提高幅度为22.88%～108.23%,母羔初生重为25.01%～132.17%,4月龄体重提高幅度为31.77%～152.90%,6月龄公羔体重提高幅度为44.24%～148.20%,母羔提高36.46%～117.97%,公羔周岁体重提高14.86%～106.14%,母羔周岁体重提高11.86%～85.30%。相同月龄的杂交羊较对照组宰前活重提高幅度为33.15%～59.24%,胴体重提高53.20%～78.93%,净肉重提高49.07%～89.09%,净肉率提高15.12%～18.74%,杂交羊屠宰率为46.47%～50.30%,较对照组提高2.90%～12.36%。

（二）我国地方山羊品种

1. 南江黄羊

（1）原产地及育种史　原产于四川省南江县，又称亚洲黄羊，自 1954 年起，用四川同羊与含努比山羊基因的杂种公羊与当地母羊及引入的金堂黑母羊进行多品种复杂杂交育成，并采用性状对比观测、综合指数法、综合分段选择培育及品系繁育等育种手段，于 1995 年育成。

（2）特征　南江黄羊头大小适中，耳朵大而长，鼻梁微拱，公、母羊分为有角和无角两种类型，其中有角者占 61.5%，无角者占 38.5%。公羊颈粗短，母羊细长，颈肩结合良好，背腰平直，前胸深广，尻部略斜，四肢粗长，蹄质坚实，呈黑黄色，整个体躯略呈圆筒形。被毛呈黄褐色，但颜面毛色黄黑，鼻梁两侧有一对称黄白色条纹，从头顶背脊至尾根有一条宽窄不等的黑色毛带，公羊前胸、颈下毛黑黄色较长，四肢上端着生黑色较长粗毛。

（3）生产性能　生长发育快，体格大，肉用性能好。周岁公羊体重 34.43 千克，周岁母羊体重为 27.34 千克；成年公羊为 60.56 千克，成年母羊为 41.20 千克。性成熟早，3 月龄就有初情表现，但母羊以 6～8 月龄、公羊以 12～18 月龄配种为佳，平均产羔率为 194.62%，其中经产母羊为 205.2%。板皮质地良好，细致结实，抗张强度高，延伸率大，尤其以 6～12 月龄的皮张为佳，厚薄均匀，富有弹性。

（4）利用效果　南江黄羊是我国目前肉用性能比较好的山羊品种，与其他山羊杂交效果明显，如浙江省推广数据，杂交一代 11 月龄羯羊宰前活重 32.10 千克，胴体重 17.5 千克，比本地同龄羊分别提高 47.05% 和 60.84%。

2. 马头山羊

(1)原产地及育种史　马头山羊是南方山区优良肉用山羊品种。原产于湘、鄂西部山区,主要分布在湖南省的石门、慈利、芷江、新晃、桑植等县和湖北省的郧阳、恩施地区。马头山羊历史悠久,产区群众长久以来根据对肉食的需求,不断从土种羊中选择个体大、生长快、性情温驯的无角山羊长期定向培育形成。一般分布在海拔 1 000 米以下地区,常年以放牧为主。

(2)特征　体质结实,结构匀称,全身被毛白色,毛短贴身,富有光泽,冬季常有少量绒毛。头大小适中,公羊、母羊均无角,但有退化角痕。耳朵向前略下垂,下颌有髯,颈下多有 2 个肉垂。成年公羊颈较粗短,母羊较细长,头、颈、肩结合良好。前胸发达,背腰平直,后躯发育良好,尻略斜。四肢端正,蹄质坚实,母羊乳房发育良好。

(3)生产性能　成年公羊体重 43.81 千克,成年母羊为 33.70 千克。据测定,12 月龄羯羊胴体重 14.20 千克,花板油重 1.71 千克,屠宰率 54%,体长 56.59 厘米,眼肌面积 7.81 厘米^2。性成熟早,5 月龄性成熟,但适宜配种月龄一般在 10 月龄左右,母羊四季发情,一般一年产两胎或两年三胎,产羔率 190%～200%。

(4)利用效果　马头山羊是我国江南诸省比较优秀的山羊品种,板皮质量好,在国际贸易中享有较高声誉。

3. 成都麻羊

(1)原产地及育种史　原产于四川盆地西部的成都平原及其邻近的丘陵和低山地区。在特定的生态和经济条件下经农民精心饲养和选育,形成的肉乳兼用的优良地方品种。

(2)特征　全身被毛呈棕黄色,色泽光亮,为短毛型。单根纤维可分为三段:毛尖为黑色,中段为棕黄色,下段为黑灰色,各段毛色所占比例和颜色深浅在个体及体躯不同部位略有差异。整个被毛有棕黄而带黑麻的感觉,故称麻羊。也有的群众认为,整个被毛呈赤铜色，又称"铜羊"。在体躯上有两处异色毛带，一处是从两角基部中点沿颈脊、背线至尾根有一条纯黑色毛带，另一处是沿两侧肩胛经前肢至蹄冠又有一条纯黑色毛带，两条黑色毛带在鬐甲部交叉，构成明显的"十"字形。成都麻羊头中等大小，两耳侧伸，额宽而微凸，鼻梁平直。公、母羊大多数有角。公羊前躯发达，体型呈长方形，体态雄壮。母羊后躯深广，背腰平直，尻部略斜，乳房呈球形，体型较清秀，略呈楔形。

（3）生产性能　公羊周岁体重 26.79 千克，周岁母羊 23.14 千克，成年公羊体重 43.02 千克，成年母羊 32.60 千克。周岁羯羊体重 12.15 千克，净肉重 9.21 千克，内脏脂肪重 0.89 千克，屠宰率 49.66%，净肉率 75.8%。常年发情配种，产羔率 205.91%，泌乳期 5～8 个月，可产奶 150～250 千克。

4. 太行山羊

（1）产地与分布　太行山羊产于太行山东、西两侧的晋、豫三省接壤地区。产区位于黄土高原的东缘太行山区。该地区农作物丰富，山区林木果树较多，作物秸秆、树叶以及广阔的草山草坡，为发展山羊提供了丰富的饲草来源。山西省境内分布在晋东南。晋中两地区东部太行山区各县；河北省境内分布于保定、石家庄、邢台、邯郸地区京广线两侧各县；河南省境内分布于安阳、新乡地区的林县、安阳、淇县、汲县、博爱、沁阳及修武等县的山区。

（2）品种特征　体质结实，体格中等。头大小适中，耳小前伸，公、母羊均有髯，绝大部分有角，少数无角或有角基。角形主要有两种：一种角直立扭转向上，少数在上 1/3 处交叉；另一种角向后向两侧分开，呈倒"八"字形。公羊角较长呈拧扭状，公、母羊角都为扁状。颈短粗。胸深而宽，背腰平直，后躯比前躯高。四肢强健，蹄质坚实。尾短小而上翘，紧贴于尻端。毛色主要为黑色，少数为褐、青、灰、白色。还有一种"画眉脸"羊，颈、下腹、股部为白色。毛被由长粗毛和绒毛组成。

（3）生产性能　成年公羊平均体高、体长、胸围和体重分别为：56.70 厘米、65.00 厘米、77.90 厘米、36.7 千克，成年母羊分别为：53.60 厘米，61.60 厘米、73.30 厘米、32.8 千克。成年公羊平均抓绒量为 275 克，成年母羊平均为 160 克，成年公羊平均剪毛量为 400 克，成年母羊平均为 350 克。公羊毛长平均为 11.2 厘米，母羊平均为 9.5 厘米。

5. 济宁青山羊

（1）产地与分布　济宁青山羊产于山东省西南部，主要分布在菏泽、济宁地区。该地区处于黄河下游冲积平原，地势平坦，属于半湿润温暖型气候，具有大陆性气候特点，农业发达，农副产品丰富，为济宁青山羊的培育和品种特性形成提供了良好的条件。

（2）特征　济宁青山羊是一个以多胎高产和生产优质猾子皮而著称于世的小型山羊品种。成年公羊平均体重 30 千克，体高 57 厘米，体长 61 厘米，胸围 70 厘米；成年母羊平均体重 26 千克，体高 51 厘米，体长 55 厘米，胸围 62 厘米。公、母羊均有角和髯，公羊角粗长，母羊角短细。公羊颈短粗，前胸发达，前高后低；母羊颈细长，后躯较宽深，四肢结实，尾小上翘，由于黑白毛纤维混合比例不同，被毛分为正青、铁青和粉青三色，其中以正青居多，毛色与羊的年龄有关，年龄越大，毛色越深，另一个特征是被毛、嘴唇、角、蹄为青色，而前膝为黑色，简单描述为“四青一黑”。

（3）生产性能　3～4 月龄性成熟，可全年发情配种，产羔率可达 273%，产三羔和四羔的母羊比例分别占 52.81% 和 31.46%。羔羊多在生后 1～2 天屠宰，所产羔皮毛色光润，并有美丽的波浪状花纹，在国内外市场深受欢迎，也是我国传统的具有百年出口历史的商品。

（4）利用情况　该品种对当地的生态环境具有很好的适应性，在农区也可作为母本与引进的肉羊品种进行杂交生产羊肉。

四、引种方法

引种就是要选择优秀的个体开展繁育,因此,对于新建羊场,引种是非常重要的环节,宁可价格高些也要优中选优。当确定生产经营方向之后,就要选择正规的种羊场购买种羊。引种需要注意以下几个方面:

(一)引种地点的选择

很多地方羊的选购大部分在集市上进行,羊的来源较复杂,有的是附近农民将羊赶到集市,有的是羊贩子运来的,特别是进口种羊,由于杂一代、杂二代在一定程度上表现出父本的性状,如黑头萨福克羊、黑头杜泊羊、波尔山羊等,因图便宜买回的多是杂种羊,品种的应用效果就大打折扣,因此建议最好到正规的种羊场购买基础母羊和种公羊。选购时首先要了解地区发病情况,特别是对传染病,如口蹄疫、布鲁氏菌病等应引起高度重视;不要到疫区引种,对来自疫区的羊要拒绝购买,选羊时要逐个检查,确认无病方可购买调运。

(二)体型外貌特征鉴定

1. 肉羊体型外貌特点 在肉羊生产中,常常需要利用各部位的名称来区别和记载羊的外貌特征和生长发育情况,图 3-8 为山羊体型外貌部位名称,图 3-9 为绵羊体型外貌部位名称。

肉羊的外型结构和体躯部位应具备以下特征。

(1)皮肤 皮下结缔组织及内脏器官发达,脂肪沉积量多,皮肤薄而疏松。

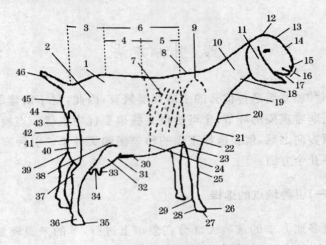

图 3-8　山羊的体型外貌部位

1. 腰角　2. 髋部　3. 尻部　4. 腰部　5. 脊部　6. 背部　7. 肋部　8. 鬐甲部

9. 肩胛部　10. 颈部　11. 耳　12. 头颈部　13. 额　14. 鼻梁　15. 鼻孔

16. 口笼　17. 颈部　18. 喉部　19. 垂部　20. 肩角　21. 前胸　22 肘端

23. 胸基　24. 躯深　25. 膝　26. 趾　27. 蹄底　28. 蹄踵　29. 悬蹄

30. 乳静脉　31. 前乳房附着　32. 乳房前部　33. 乳头　34. 乳基

35. 蹄　36. 系部　37. 飞节　38. 肷部　39. 中悬韧带　40. 乳房后部

41. 后膝　42. 股部　43. 后乳房附着　44. 乳镜　45. 臀部　46. 尾

（2）骨骼　一般日粮中营养丰富，矿物质充足，可促进管状骨迅速钙化，骨骼生长早期停止，因此骨骼较短。

（3）头骨　一般头部较宽，鼻梁稍向内弯曲或呈拱形。

（4）胫骨　一般颈部较短，由于颈部肌肉和脂肪发达，颈部显得宽、深而呈圆形。

（5）鬐甲　鬐甲部是由前 5～7 个脊椎骨连同其棘突及横突构成，肉羊的鬐甲很宽，与背部平行，由于脊椎横突较长和棘突较短，脊椎上长有大量的肌肉和脂肪，显得肌肉发达，鬐甲也显得宽，同时也可以看到发育良好的肌肉和皮下脂肪充满了所有脊椎

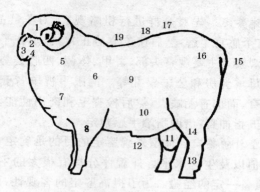

图 3-9 绵羊的体型外貌部位
1. 头 2. 眼 3. 鼻 4. 嘴 5. 颈 6. 肩 7. 胸 8. 前肢
9. 体侧 10. 腹 11. 阴囊 12. 阴筒 13. 后肢 14. 飞节
15. 尾 16. 臀部 17. 腰部 18. 背部 19. 鬐甲部

棘突和横突之间的空隙,使背线和鬐甲构成一直线。

(6)**背部** 由于脊椎的横突较长,肋骨较圆,肌肉和脂肪发达,形成宽而平的背。

(7)**腰部** 腰部平、直、宽,因而显出肉多。

(8)**臀部** 臀部与背部、腰部一致,肌肉丰满,后腿开张呈倒"U"形。

(9)**胸部** 胸腔圆而宽,长有大量肌肉。虽然脊椎短,胸腔长度不足,但肋骨开张良好,显得宽而深。肉羊如胸腔较小,则心脏不发达。在选种时要考虑胸腔发达的羊留作种用。

(10)**四肢** 四肢短而细,前后肢开张良好而宽,并端正,显得坚实有力。

2. 肉羊体型外貌鉴定 体型外貌鉴定主要根据品种特点进行,无论山羊还是绵羊,粗毛羊还是细毛羊,以及奶山羊,总的原则就是根据品种标准进行鉴定。

(1)个体鉴定　先对全群进行粗略观察,对羊群品质特征和体格大小有个感官了解,然后使羊姿势正常,保定在平整、光亮的地方,仔细观察。主要观察头部、鬐甲、体侧、四肢姿势、臀部发育状态,以及母羊乳房和公羊睾丸等。两眼平视羊背侧部,先看牙口、头部发育、面部有无缺点,然后检查毛和肉用性能。在用手触摸检查时,五指伸直,借助指端手感判定。

(2)体型外貌鉴定　体型外貌鉴定的目的是确定羊的品种特征、种用价值以及生产水平。外貌评分具有很大的主观性,要求鉴定人员具备一定的经验。为了提高鉴定的客观性,可将外貌评定与体尺测量结合起来进行。

不同生产性能的羊有不同的外貌特征,因而评分标准也不同。通过对各部位打分,最后求出总评分来表示评定结果。将公羊外貌划分为四大部分,即整体结构、肥育状态、体躯和四肢,各部分给分标准分别为 25 分、25 分、30 分、20 分。合计 100 分,母羊分为整体结构、体躯、母性特征和四肢,各部分给分标准分别为 25 分、25 分、30 分、20 分,合计 100 分,具体评分标准如表 3-2 所示。

表 3-2　肉用种羊外貌评分标准

项 目	满分标准	公 羊（分）	母 羊（分）
整体结构	整体结构匀称,外型浑圆,侧视呈长方形,后视呈圆筒形,体躯宽深,胸围大,腹围适中,背腰平直,后躯宽广丰满,头小而短,四肢相对较短	25	25
肥育状态	体型呈圆筒状,无明显棱角,颈、肩、背、尻部肌肉丰满,肥度指数150～200	25	—
母性特征	头颈清秀,眼大鼻直,肋骨开张,后躯较前躯发达,中躯较长,乳房发育良好	—	30

续表 3-2

项　目	满分标准	公　羊 （分）	母　羊 （分）
四　肢	健壮结实，肢势良好，肢蹄质地坚实	20	20
体　躯	前躯：头小颈短，肩部宽平，胸宽深； 中躯：背腰平直宽阔，肋骨开张不外露，肷部下凹，腹围大小适中，不下垂，呈圆筒状； 后躯：荐部平宽，腰角不外突，尻长且平宽，后膝突出，腿部肌肉丰满，腿臀围大	30	25
总　结		100	100

（3）产肉性能鉴定　用手触摸颈部肌肉充实程度，鬐甲至尾基部肌肉、臀和大腿肌肉发育情况，检查胸部的宽、深度和胸围，然后检查腰角宽度，腰角至臀端的长度和后躯深度，进行产肉性能评价。

（4）体况鉴定　母羊体况直接决定羊群整体的繁殖力，随时评定繁殖母羊体况是保证母羊发挥正常生产能力的重要措施，繁殖母羊体况鉴定可以用 5 分制，评分标准参见表 3-3。繁殖母羊体况以 3 分为适宜。

3. 种羊的挑选　在挑选种羊时，首先看是否符合所购品种特性，然后再从精神状态、体型外貌、系谱和免疫记录等方面逐一查看。

（1）看精神状态　凡精神委靡、被毛紊乱、毛色发黄、黯淡无光、步态蹒跚、喜欢独蹲墙角，或喜欢卧地不起者多数为病羊；有些羊特别是当年羔羊或 1 周岁的青年羊，有转圈运动行为，多为患脑包虫的病羊；有的羊精神状态尚好，但膘情极差，甚至骨瘦如柴，大都是由于误食塑料造成的；年龄过大的淘汰羊，部分牙齿脱落，无法采食草料，均不能作为种羊，挑选时要予以排除。

表3-3　繁殖母羊体况评分标准

部　位	1分(过瘦)	2分(瘦)	3分(适中)	4分(肥)	5分
脊突	脊骨突出明显,没有脂肪覆盖,腰椎横突尖锐,手指容易伸入	脊骨突出稍平,一层薄的脂肪覆盖,肌肉中等厚度,腰椎横突平滑,手指用力能伸入	脊骨平滑,中等脂肪覆盖,肌肉丰满,腰椎横突平滑,手指需要重力才能伸入	脊骨呈一条线,脂肪层较厚,肌肉丰满,手指感觉不到横突	脊骨触摸不到,在脊骨上面脂肪呈一条沟,脂肪层很厚,肌肉非常丰满,手指触摸不到横突
尻部	狭窄,凹陷,骨骼外露	棱角分明,肉很少	稍圆,棱角不分明	丰　满	非常丰满
尾部	瘦小,呈楔形	较小,不丰满	圆形,大小适中	大而丰满	圆润丰满

(2)看体型外貌　体格大、体躯长,肋骨开张良好,体型呈圆筒状者,体表面积大,肌肉附着多,上膘后增重幅度大。头短而粗,腿短,体型偏向肉用型者增重速度快。十字部和背部的膘情是挑选肉羊的主要依据。手摸时骨骼明显者膘情较差;若手感骨骼上稍有一些肌肉,膘情为中等;手感肌肉较丰满者,膘情较好。在市场上收购的羊,大多属前两种。在挑选种羊时要选择中等膘情的羊。

(3)查阅系谱和免疫记录　正规种羊场一般均有系谱记录和免疫接种记录,挑选种羊时要根据系谱档案,选择多胎和生殖规律正常的初产母羊,或者其后代青年羊。

4.年龄鉴定　种羊在进行其他项目鉴定之前,首先要进行年龄鉴定,年龄对于公、母羊的繁殖性能影响很大。研究表明,母羊的最佳繁殖年龄在3～4岁,初产母羊产羔数少,母性差;高龄母羊虽然产羔数有所提高,但泌乳力下降,带羔能力减弱。因此要建立高产并容易管理的繁殖母羊群,必须考虑年龄结构。年龄鉴定首先要依靠种羊场的个体出生记录,但在记录不详、卡片丢失、市场交易等情况,比较可靠的年龄鉴定方法是牙齿鉴定,主要根据下颌门齿的发生、更换、磨损、脱落情况来判断,判断误差程度因品种、地区和鉴定者的经验而异,一般不超过半岁。

成年羊共有 32 枚牙齿,上颌有 12 枚臼齿,每边各 6 枚,上颌无门齿,仅有角质层形成的齿垫,下颌有 20 枚牙齿,其中 12 枚是臼齿,每边各 6 枚,8 枚门齿,也叫切齿。

羔羊出生时就有 6 枚乳齿,1 月龄左右 8 枚乳齿长齐,1.5 岁左右乳齿齿冠有一定程度磨损,钳齿脱落,并在原脱落部位长出第一对永久齿,2 岁时中间齿更换,长出第二对永久齿,3 岁时第四对乳齿更换成永久齿,4 岁时 8 枚门齿的咀嚼面磨损得较为平直,俗称齐口,5 岁时可以见到个别牙齿有明显的齿星,说明齿冠已基本磨完,暴露了齿髓,6 岁时已经磨到齿颈部,因此门齿出现了明显的缝隙,7 岁时缝隙更大,出现露孔现象,这时绝大部分母羊的繁殖性能很低,失去了种用价值,应及时淘汰。牙齿鉴定可以用以下顺口溜方便记忆:一岁半中齿换,到两岁换两对,两岁半三对换,满三岁牙换齐,四磨平五齿星,六现缝七露孔,八松动九掉牙,十磨净(图 3-10)。

(三)种羊的调运

1. 准备工作　羊的调运是引种工作的重要环节,稍有疏忽就会造成不必要的损失。因此,调运前要做好计划,考虑周全,做好应对突发意外情况的准备,调运人员应由有经验的收购人员、兽医及押运人员组成。运输车辆要用 1% 火碱消毒,并准备好草料、饮水用具、铁锹等工具。根据调运地点和道路情况确定运输路线。待调运的羊要做好兽医卫生防疫检查,并应由当地兽医检疫

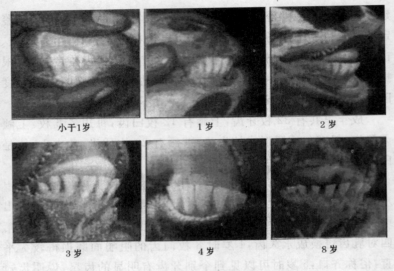

小于1岁　　　　　　　1岁　　　　　　　2岁

3岁　　　　　　　4岁　　　　　　　8岁

图 3-10　羊牙齿年龄

部门开具防疫证明,以便途中和以后使用,在调运的途中,要轮换休息,留专人看守,以免发生丢失。到达目的地后,做好手续交接工作,做到善始善终。

2. 汽车运输　汽车可装 70～80 只羊,运输量大,费用低。无论采用哪种汽车运输,装车前都要在车上铺一层沙土或干草,以防滑倒。装车密度要适当,切忌密度过大,特别是夏季。在汽车运输过程中,要尽量防止急速刹车,在路过坡路时,要及时查看羊是否有摔倒或者踩压发生,避免有卧倒的羊被踩伤、压死。另外,夏季运输由于白天气温高、天气炎热,故多采用夜间行车。

(四)种羊进舍管理

从外地购入的羊要隔离 15～30 天,确定健康合格后,方可转入羊舍或混群。从外地调入的羊进入羊舍当天,要先给予饮水,加入复合维生素,减少应激,缓解疲劳,喂给少量干草,让其安静休息。休息过后按月龄、生理阶段、性别、体格大小、体质强弱等分群组圈。引种进舍的前几天要密切注意羊的精神状态、采食、饮水、粪便等情况,有时由于气候变化、运输、环境改变等因素,有的羊会出现少食、呆立等现象,可采取健胃散放到精料里面,或者在水槽中放入人工盐来调理。一般经过 3～5 天或者 1 周左右时间羊群会逐渐适应新的饲养方式和圈舍环境,这时可以进入正常的管理阶段,如青年母羊要试情、青年公羊要调教配种。

五、肉羊品种资源利用方法

品种是指来源相同、主要性状比较一致,遗传稳定,具有一定结构和足够数量的群体。品种可分原始品种和培育品种。原始品种又称地方品种,我国的地方品种如哈萨克羊、西藏羊、蒙古羊、湖羊、寒羊等。培育品种如新疆细毛羊、中国美利奴羊、东北细毛羊、河北细毛羊、南江黄羊等。品系是指品种内来自共同祖先、具有突出优点,遗传稳定,生产性能一致,有足够数量,彼此有亲缘关系的群体。

肉羊品种资源利用方法有以下几种。

(一)纯种繁育

纯种繁育是指同一品种内公、母羊之间的选育和繁殖过程。当品种经过长期选育后,具备较高的生产性能,符合人们的要求时,随即采用纯种繁育的办法来增加品种数量和提高品种质量。纯种繁育是一个不断选育提高的过程。在纯种繁育过程中,为了进一步提高品种质量,在保持品种固有特性、不改变生产方向的前提下,可根据需要采用以下方法进行纯种繁育。

肉用性能和繁殖性能是肉羊品种的主要性状,在品种繁育的过程中同时考虑选择的性状越多,遗传进展越慢,因此可以建立高繁、肉用等性状的品系,通过不同品系间的杂交将肉用和繁殖性状结合起来,从而提高品种质量。

品系繁育过程大致可分为三个阶段:品系基础群组建、闭锁繁育形成品系、品系间杂交阶段。

1. 品系基础群组建 根据羊群特点和育种需要,确定要建立哪些品系,如肉用系、多胎系等,然后根据品系要求进行组建基础群。建立基础群主要有两种方法:一是根据表型特征组群,不考虑血缘关系,只要具有类似特征的羊均划为基础群;二是根据血缘关系组群,首先对羊群系谱进行分析,将有一定血缘关系的优秀公羊后代选入同一基础群,剔除不具备该品系特点的个体。这两种组建基础群的方法比较起来,前者适合中高遗传力的性状,如体重、净毛量、毛长、毛密度等,后者适合遗传力低的性状如繁殖力、肉品质等。

2. 闭锁繁育 闭锁繁育就是建立基础群后至少 4～6 个世代进行自我繁殖,不引入外部公羊,目的是通过这一阶段的封闭繁殖使品系基础群所具有的品系特点得到进一步巩固和提高,从而形成品系。在闭锁繁育阶段要及时淘汰不符合品系特点的个体,适中保持品系的同一性,优先使用优秀公羊,增大最优公羊的配种机会,增大其所配母羊比例。另外,可以适当选择近亲繁殖,使基因纯合,突出品系性状。

3. 品系间杂交 当品系繁育到一定程度,即所需要的性状达到稳定遗传,可以进行品系间杂交,目的是使各品系间的优点集中,使品种质量得到提高。在品系间杂交后,可根据新群体的新特点建立新的品系,进而不断提高该品种水平。

引入外部公羊进行血液更新,保持羊群生产性能。血液更新是指从外地引入优质公羊来替代原有群体中的公羊,目的是增加优质性状,提高品种质量。对于多年的自繁自养场或参加配种公羊数量少，而母羊群体大的羊场要注意进行血液更新。当羊群多年进行封闭繁育，出现近交，或者靠群体内公羊很难提高群体生产水平，甚至出现生产性能和体质外貌退化时，要从外场引入外血，购买和本场没有血缘关系的公羊配种，避免群体生产性能下降或衰退，进而保持羊群整体生产性能。

（二）杂交优势利用

通俗地讲，杂交优势就是不同品种间、品系间杂交的后代比亲本具有更大的生活力和生长强度，表现在抗逆性、繁殖力、生长速度、生理活动、产品产量、品质、寿命和适应力等各种性状方面。在肉羊杂交生产中，杂交后代的初生重、饲料报酬、繁殖性能、生长性能等均高于亲本平均值。按照杂交亲本数量分为二元杂交、三元杂交、四元杂交。

1. 二元杂交 二元杂交是以两个不同品种的公、母羊杂交，专门利用杂种优势生产商品肉羊，这是在生产中应用较多而且比较简单的方法，一般是用本地品种的母羊与外来的优良公羊交配，所得的一代杂种全部育肥。

2. 三元杂交 三元杂交是指先由两个品种交配，其后代再与第三个品种公羊进行交配。由于杂交来自具有杂种优势的羊群，因而可望获得更高的杂种优势。但三元杂交周期长，需要生产二元杂交一代，需要饲养三个品种羊。

3. 四元杂交 一般四元杂交有两种形式，即用三品种杂交的杂种羊作母本，再与另一品种公羊杂交，或者先用四个品种分别两两杂交，然后在两杂种间杂交，这种杂交方式遗传基础广，能形成较大的杂种优势，不仅可以利用杂种母羊的优势，还可以利用杂种公羊的优势，如配种能力强。第一次杂交所产生的杂种，有的作第二次杂交的父本，有的作母本。这种杂交方式更为复杂，周期更长,饲养成本也更高,一般农户饲养不建议采用这种方式。

在肉羊生产中,经济杂交父本品种的选择应遵循以下原则:①选择肉羊品种或品系。因为肉用品种具有生长发育快、产肉量多、肉质好的特点。②选择适应性强的父本品种。如果父本品种适应性差,不仅本身发育受到影响,还会影响杂交后代的适应性及生长发育。③应选择繁殖性能高的品种。这样可以使单位羊群提供更多的杂种后代。④选择较容易获得的肉用种羊品种。要考虑引种费用及肉用种羊在区域内的分布,即获得的可能性。⑤选择合适的父本。根据母羊品种的优缺点选择父本,使杂交组合达到最佳。

对于自繁自养的中小型肉羊场来讲,二元杂交比较快捷、易操作。杂交后代不论公母直接快速育肥进行商品肉羊生产;对于规模较大的肉羊场可以采用三元杂交,但周期较长,二元杂交公羊全部育肥出栏;二元杂交后代母羊需要等到性成熟再与终端父本杂交生产三元杂交后代,三元杂交后代全部育肥。

六、我国主要羊品种肉用性能评价及利用效果

(一)我国主要羊品种肉用性能评价

陈其新等应用综合指数法结合聚类分析法,对我国饲养的 14 个绵羊品种和 22 个山羊品种的综合繁殖性能及肉用生产力进行了初步评价,结果表明,在肉用绵羊中,萨福克羊、陶赛特羊、杜泊羊等品种适合作为经济杂交生产的终端父本。东佛力生羊、小尾寒羊、湖羊、洼地绵羊适合作为农区肉用绵羊的主要母本。我国地方绵羊品种中,肉用生产力的大致排列顺序是小尾寒羊＞湖羊

＞洼地绵羊＞大尾寒羊＞阿勒泰大尾羊＞乌珠穆沁羊。小尾寒羊的繁殖指数和效率指数与东佛力生羊近似，但生产指数低于后者，胴体品质（肉的风味等）也可能较东佛力生羊逊色，应该在杂交改良时注意这些问题。除小尾寒羊外，湖羊和洼地绵羊也是具有一定应用前景的母本品种，而大尾寒羊由于其特殊的大脂尾可能带来的繁殖困难和非肌肉性营养消耗问题，不适作为集约化羊场的生产材料。阿勒泰大尾羊和乌珠穆沁羊虽然生长速度较快，肉质佳，但繁殖性能较差，仅适合在西北、华北等特殊的生态地区作为肉羊生产的主力品种。

在各山羊品种中，波尔山羊是目前世界上最受欢迎的、唯一经过多年生产性能测验的肉用山羊品种。羔羊生长速度快，母羊繁殖能力强，基本满足现代肉羊生产的需要，是肉用山羊经济杂交的首选终端父本，但需要考虑其适应区域，严寒地区不太适应。此外，努比亚山羊也是较为适宜的杂交父本；尽管我国多数地方山羊品种年产羔率高、产羔间隔短，但羔羊初生重小、断奶前生长速度慢，综合产肉总体评分仍然不够理想，甚至综合繁殖能力也比不上波尔山羊，但相对于马头山羊、成都麻羊、南江黄羊等传统优秀肉用山羊而言，乐至、大足、金堂等巴蜀地区黑山羊品种综合生产力也不错（陈其新等，2012）。

（二）绵羊杂交利用模式及其效果

在杂交利用实践中，母本大多利用小尾寒羊、湖羊、藏羊、洼地绵羊、蒙古羊、细毛羊、阿勒泰羊以及其他一些本地羊，父本主要是引进的一些国外肉羊品种如萨福克羊、无角陶赛特羊、德克塞尔羊、杜泊羊、夏洛莱羊、德国美利奴羊等，杂交后代在生长发育、饲料报酬、产肉性能以及适应性等方面都显示出了优势。现总结如表3-4。

表 3-4　绵羊二元杂交一代育肥效果

杂交父本	杂交母本	性　别	日　龄	日增重（克）	宰前重（千克）	屠宰率（%）	资料来源
萨福克	小尾寒羊	♂	120	376	37.62	51.88	袁得光（2001）
	小尾寒羊	公母混合	180	170.17	34.50	50.52	何振富（2009）
	蒙古羊	羯　羔	190	180	37.25	49.21	唐道廉（1988）
	阿勒泰	♂	150	240	39.3	47.28	陈维德（1995）
	哈萨克	♂	135	257	37.72	51.72	陈维德（1995）
	湖　羊	♂	180	190	37.33	48.92	钱建共（2002）
无角陶赛特	小尾寒羊	♂	180	200	40.44	54.49	姚树清（1995）
	小尾寒羊	♂	180	256	50.00	54.00	张从玉（2001）
	小尾寒羊	♂	155	282	47.75	50.8	王金文（2005）
	小尾寒羊	♂	120	312	37.44	52.08	袁得光（2003）
	洼地绵羊	♂	240	168	45.43	47.00	冉汝俊（1998）
	湖　羊	♂	210	159	33.27	49.70	钱建共（2002）
	蒙古羊	♂	180	194	38.89	/	蔡元（2002）
德克塞尔	小尾寒羊	公母混合	180	/	33.67	/	敦伟涛（2010）
	小尾寒羊	公母混合	150	277	45.70	50.0	王金文（2003）
	东北细毛羊	♂	165	236	42.40	49.30	王大广（2000）
	湖　羊	♂	180	190	39.22	49.38	钱建共（2002）
夏洛莱	小尾寒羊	♂	180	216	42.30	/	赵国明（2001）
	小尾寒羊	♂	90	255.67	/	/	韩占强（2003）
	小尾寒羊	♀	90	222.33	/	/	韩占强（2003）
	小尾寒羊	♂	180	215.17	42.97	50.41	母志海（2008）
	湖　羊	公母混合	180	168	34.04	49.05	钱建共（2002）

续表 3-4

杂交父本	杂交母本	性　别	日　龄	日增重 (克)	宰前重 (千克)	屠宰率 (%)	资料来源
德国 美利奴	蒙古羊	公母混合	240	156	37.50	48.80	冯旭芳(2001)
	湖　羊		180	196	39.83	50.34	钱建共(2002)
杜　泊	小尾寒羊	公母混合	150	306	49.50	50.60	王金文(2003)
	蒙古羊	♂	120	300	40.44	51.70	陈华(2001)

1. 二元杂交　姚树清等(1995)用无角陶赛特公羊与小尾寒羊杂交,全舍饲条件下,精饲料由玉米 50%、麸皮 30%、豆粕 20%组成,日喂量 0.5～0.7 千克,粗饲料为花生秧、草粉、青贮玉米等,自由采食,结果杂交 F1 代公羔 6 月龄体重 40.44 千克,母羔体重 35.22 千克。王金文等利用杜泊公羊与小尾寒羊杂交,全颗粒饲料加少量青贮玉米,饲料配方为玉米 43%、麸皮 7%、豆粕 17.5%、甘薯秧 15%、花生秧 15%、碳酸氢钙 1%,添加剂预混料 1%,食盐 0.5%。

杜寒杂交 6 月龄羔羊日增重 306 克,料肉比 4.25：1,分别比小尾寒羊提高 20%和 21.17%。

2. 三元杂交　郭千虎等利用小尾寒羊作第一父本,用山西晋中本地绵羊作母本,用引进的陶赛特羊、萨福克羊和夏洛莱羊为终端父本开展三元杂交,结果陶寒本、萨寒本、夏寒本杂交羔羊断奶重、10 月龄体重、胴体重、屠宰率均显著高于本地绵羊,杂种优势得到充分发挥(表 3-5)。

通过各地的杂交利用效果来看,在广大农区和半细毛羊产区,可以利用萨福克羊、德克塞尔羊、夏洛莱羊、陶赛特羊等肉羊作父本与当地的母羊如小尾寒羊、湖羊、蒙古羊、洼地绵羊等进行杂交生产羊肉。杜泊羊作为粗毛羊在农区利用效果较好,尽量不要在细毛羊产区用杜泊进行杂交利用,否则杂交后代会失去产细毛性能。

表 3-5　肉用绵羊三元杂交育肥效果

杂交组合	只　数	初生重（千克）	断奶重（千克）	10月龄体重（千克）	繁殖率（%）	胴体重（千克）	屠宰率（%）
陶寒本	30	4.41	20.89	49.92	154	26.10	52.28
萨寒本	50	4.25	23.58	51.63	148	25.97	51.29
夏寒本	30	3.96	22.82	50.16	153	25.61	53.18
本地绵羊	30	3.04	14.23	34.27	100	15.59	45.19

（三）山羊杂交利用模式及其效果

1. 二元杂交

（1）与普通各类山羊二元杂交　各地大量的杂交试验结果一致表明，波尔山羊进行二元杂交时，不管是与土种羊杂交，还是与肉用羊杂交，或是与奶山羊杂交，杂交效果非常显著。杂交后不论是在放牧、舍饲、粗放、放牧加补饲的饲养条件下均表现出明显的杂交优势。而且二元杂交的改良效果与杂交双方之间的体重差异、饲养方式、环境条件等多方面因素有关。

（2）与我国代表性肉用羊二元杂交效果对比　在国内，公认为肉用性能最好、最具代表性的肉用羊有南江黄羊和马头山羊，但与波尔山羊的肉用性能及杂交效果比较，仍存在较大差距。从表 3-6 中徐恢仲等设计的组合（一）可以看出，波尔山羊与本地羊杂交，公、母羔羊初生重分别提高 67.57% 和 67.65%，6 月龄公、母羊体重分别提高 25.19% 和 26.19%；而南江黄羊与本地羊杂交，公、母羔羊初生重分别提高 8.11% 和 11.76%，6 月龄公、母羊体重分别提高 12.59% 和 16.67%。从赵士湘设计的组合（二）也可看出，波杂羊初生重和 6 月龄体重分别增加 49.49% 和 18.58%，而马杂羊初生重和 6 月龄体重分别增加 20.41% 和

12.27％。由此可以得出结论,单从增重上考虑,我国的南江黄羊和马头山羊对本地羊的杂交效果远跟不上波尔山羊对本地羊的杂交效果。

表3-6　波尔山羊、南江黄羊、马头山羊与杂种或本地羊杂交效果对比

杂交组合		性别	初生		2月龄		4月龄		6月龄		8月龄	
			体重(千克)	增幅(%)	体重(千克)	增幅(%)	体重(千克)	增幅(%)	体重(千克)	增幅(%)	体重(千克)	增幅(%)
组合（一）	波×本	公	3.1	67.57	9.5	41.18	13.5	60.71	16.9	25.19	20.50	40.41
		母	2.9	67.65	8.5	28.79	13.0	88.41	15.9	26.19	16.40	13.89
	南×本	公	2.0	8.11	9.1	35.29	11.4	35.71	15.2	12.59	19.7	34.93
		母	1.9	11.76	8.7	31.82	10.9	57.97	14.7	16.67	17.9	24.31
组合（二）	波×杂		2.93	49.49	/	/	/	/	24.5	18.58	35.02	31.06
	马×杂		2.36	20.41	/	/	/	/	22.96	12.27	31.46	17.74

注:"波"指波尔山羊,"南"指南江黄羊,"本"指贵州石阡本地山羊,"马"指马头山羊,"杂"指萨能山羊与浙江浦江本地山羊的杂交后代。

2. 三元杂交

(1)三元杂交与二元杂交增重效果比较　如表3-7所示,徐忠等设计的组合(一)。

三元杂交波×萨×本和波×兰×本的杂交效果都要优于波×本二元杂交。三元杂交的初生重增幅在 77.78％～163.49％,周岁重的增幅在 67.32％～78.25％;二元杂交后代公、母羔初生重增幅分别为 73.24％和 68.25％,周岁重的增幅公、母羊分别为 57.44％和 52.96％。在任守文等设计的组合(二)中,三元杂交波×萨×安和马×萨×安的杂交效果又都比波×安二元杂交效果差,前者初生重的增幅分别为 17.59％和 12.06％,6月龄重增幅分别为 80.71％和 65.27％,后者初生重的增幅为53.77％,6月龄重的增幅为 119.90％。两种试验组合得出的结

果不一致，组合（二）中，三元杂交杂种优势未能充分表现，可能与饲养管理、环境气候、波尔山羊种羊的品质、杂交对象的体重及其配合力等因素有关，在这方面尚需进一步研究和商榷。但综合更多的试验结果表明，波×萨×本三元杂交的增重效果要优于波×本二元杂交。

表 3-7 三元杂交及其与二元杂交效果比较

杂交组合		性别	初　生		2 月龄		4 月龄		6 月龄		8 月龄	
			体重（千克）	增幅（%）	体重（千克）	增幅（%）	体重（千克）	增幅（%）	体重（千克）	增幅（%）	体重（千克）	增幅（%）
组合（一）	波×萨×本	♂	2.86	101.41	11.98	101.68	/	/	/	/	33.76	78.25
		♀	3.32	163.49	9.40	113.45	/	/	/	/	29.14	77.57
	波×兰×本	♂	2.62	84.51	10.71	80.30	/	/	/	/	31.69	67.32
		♀	2.24	77.78	8.90	101.81	/	/	/	/	28.12	71.36
	波×本	♂	2.46	73.24	9.88	66.33	/	/	/	/	29.82	57.44
		♀	2.12	68.25	8.40	90.48	/	/	/	/	25.10	52.96
组合（二）	波×萨×安		2.34	17.59	9.11	39.72	14.08	61.10	20.71	80.71	/	/
	马×萨×安		2.23	12.06	8.36	28.22	12.25	40.16	18.94	65.27	/	/
	波×安		3.06	53.77	11.56	77.30	17.08	95.42	25.20	119.90	/	/

注："波"指波尔山羊，"萨"指萨能山羊，"兰"指甘肃兰州白山羊，"本"指本地启海山羊，"马"指马头山羊，"安"指安徽白山羊。

（2）不同三元杂交组合杂交效果对比　于侠贞、张俊宝（2003）设计了不同的三元杂交组合，见表 3-8。

表3-8　不同三元杂交组合生长性能比较　（千克）

杂交组合	初生重	2月龄体重	4月龄体重	8月龄体重
波×萨×皖	2.06 ± 0.44^a	14.50 ± 0.94^a	20.30 ± 0.47^a	39.32 ± 2.51^a
波×南×皖	1.85 ± 0.51^b	11.26 ± 1.35^b	19.65 ± 1.25^b	34.51 ± 1.92^b
南×萨×皖	1.72 ± 0.46^c	13.04 ± 1.40^c	19.70 ± 0.90^b	30.29 ± 1.75^c
南×波×皖	1.84 ± 0.71^b	10.50 ± 0.96^d	19.04 ± 0.56^b	30.07 ± 2.66^c

注：同列肩标英文小写字母不同，表示差异显著（P＜0.05）。"波"指波尔山羊，"萨"指萨能山羊，"南"指南江黄羊，"皖"指皖北白山羊。

波×萨×皖组合杂交羊初生重分别比其他组合增加0.21千克、0.34千克、0.22千克，净提高10.2%、16.5%、10.6%；2月龄体重波×萨×皖杂交羊比其他组合杂交羊增加3.24千克、1.46千克、2.0千克，净提高22.3%、10.1%、13.4%；8月龄波×萨×皖组合杂交羊的生长速度仍然快于其他组合。南×萨×皖组合在哺乳期内羔羊生长速度仅次于波×萨×皖，但2月龄断奶以后与波×萨×皖组合差距逐渐加大，表现出了波尔山羊在肉用上的优良性能。波×南×皖在4月龄前生长速度表现不佳，但断奶后，其生长速度明显加快，至8月龄时，其体重已比南×萨×皖、南×波×皖组合增加了4.22千克和4.44千克，表明波尔山羊具有较强的作为终端父本的优势。通过杂交组合分析，以萨能山羊改良本地山羊，再以萨杂母羊作母本，波尔山羊作终端父本，生产三元杂交商品羊，其生长速度快、饲料报酬高、效益好，此杂交组合可最大限度地发挥其杂交优势，为优良的杂交组合。其特点在于：①利用萨能山羊作为第一父本，增大了杂种一代的个体重量，改变了本地山羊个体小不利于肉用的缺陷；②杂种一代母羊继承了萨能山羊泌乳性能好的优点，为提高杂种二代羔羊的断奶重奠定了基础，而出栏重与断奶重关系又极为密切；③波尔山羊和萨能山羊均可舍饲,其杂种羊也将具备这种特点,在一定程度上有别于本地山羊以放养为主、不太适合舍饲的情况;④基本上可以保持对本地气候条件和饲料条件的适应性;⑤由于使用肉用性能突出的波尔山羊为终端父本,杂种优势突出,同时由于萨杂母羊产奶量高,羔羊成活率高,生长速度快,断奶体重较大,效益优于二元杂交。

3. 级进杂交 杨军祥等(2003)用波尔山羊与陇东当地羊进行级进杂交,见表3-9,其增重速度随着级进代数的提高而加快,级进二代(F2)公、母羊不管是初生重、6月龄重还是12月龄重都比级进一代(F1)高,该结果说明级进杂交随着波尔山羊血液含量的增加(即含波血由50%增加到75%),其增重速度与波尔山羊愈接近。与安徽白山羊进行的级进杂交(任守文等)中,其结果与此基本相同,唯有不同的是F1代的初生重比F2代稍高,但随月龄增长,2月龄、6月龄F2代仍表现出较高的生长发育优势。与成都麻羊的级进杂交(王杰等,2002)中,虽然F2代初生重比F1代高,但随着月龄的增长,F2代的增重反而逐渐比F1代低,出现这种不一致的试验结果,对此不能单从遗传学上解释,应该从营养、环境乃至试验设计等多方面去找原因。另外,李祥龙、刘铮铸等(2001)用波尔山羊与唐山奶山羊进行了三代级进杂交试验,结果显示波尔山羊及其与唐山奶山羊的级进杂交后代之间各年龄阶段体重差异均达到了显著或极显著水平。级进杂交二代和三代各年龄阶段体重生长发育水平均接近于纯种波尔山羊,并且相互之间差异均不显著(P>0.05),但基本显著高于杂交一代羊,从而表明在级进杂交改良本地山羊时,若单从体重考虑,级进杂交至二、三代即可进行横交固定试验。

表 3-9　波尔山羊级进杂交效果

级进杂交对象	杂交代数	性别	初生		2月龄		6月龄		12月龄	
			体重(千克)	增幅(%)	体重(千克)	增幅(%)	体重(千克)	增幅(%)	体重(千克)	增幅(%)
陇东当地羊	F1	♂	3.48	46.22	/	/	36.20	36.40	39.10	31.61
		♀	3.07	40.53	/	/	34.23	38.42	35.35	43.63
	F2	♂	3.60	51.26	/	/	37.31	40.58	41.53	39.78
		♀	3.26	49.54	/	/	36.25	46.58	38.54	44.34
安徽白山羊	F1		3.06	53.77	11.56	77.30	25.20	119.90	/	/
	F2		3.04	52.76	12.90	97.86	27.76	142.23	/	/
成都麻羊	F1	♂	2.90	38.09	13.70	53.93	32.20	71.27	53.70	95.27
		♀	2.90	45.00	12.40	45.88	28.10	66.27	43.60	78.69
	F2	♂	3.30	57.14	14.20	59.55	30.50	62.23	50.10	82.18
		♀	3.20	60.00	12.20	43.53	26.90	59.17	42.10	72.54

　　虽然各地的试验结果有所差异,但总体上可以看出,用波尔山羊无论是二元杂交、三元杂交还是级进杂交都能获得较理想的增重效果。在肉羊生产上,提倡采用以波尔山羊为终端父本的二元杂交(波×本模式)和三元杂交(波×萨×本模式)。

七、加强选育,提高羊群生产性能

(一)根据生产性能选种

　　选种是指通过将优秀个体留下来,淘汰不良个体,使那些生产性能高、品质好、体格健壮的优秀个体繁殖后代,从而不断提高优良遗传基因出现的频率,提高整体羊群遗传品质。选种是羊品种改良、育种工作中非常重要的一个环节,通过选种可以将那些优秀个体留下来,加以繁殖利用,就会扩大优良性状个体比例,从而提高羊群整体综合品质,特别是在育种工作中,当品种形成时,往往通过选种,辅以扩繁手段,加快育种进程,迅速形成品种。

在选种时需要考虑的方面有产肉性能、饲料报酬、生长发育、繁殖性能及适应性、体貌特征、抗病力等性状。产肉性能包括生长发育及肥育性能、屠宰性能、肉品质等性状;生长发育性状是指初生重、断奶重、日增重、周岁重、成年体重以及各发育阶段的体尺与外貌评分;肥育性能是指育肥期日增重、饲料报酬等;屠宰性能是指胴体重、屠宰率、净肉重、肉骨比、眼肌面积等;肉品质是指肉的柔嫩程度、颜色、组织纤维粗细、风味、系水力以及肉的化学成分等;繁殖性能包括早熟性、产羔率、多胎性、发情规律等,生产中以多胎性和产羔率最为重要。

选种主要从以下四方面进行:一是根据个体表型成绩即个体表型选择;二是根据个体祖先的成绩即系谱选择;三是根据旁系成绩即半同胞验测选择;四是根据后代成绩选择即后裔验测选择。这四种方法有时条件不具备时,只能利用一种或两种,应根据不同时期所掌握的资料合理利用,以期提高选种的准确性。

1. 个体表型选择 个体表型选择是根据个体本身成绩进行选择,提高个体表型选择效果需要注意以下几点。

(1)遗传力 遗传力在 0.4 以上属高遗传力,0.2～0.4 属中等遗传力,0.2 以下属低遗传力。高遗传力的性状直接按表型值的高低选择;中等遗传力的性状在育种初期有效,但到一定阶段必须建立家系或品系,加快基因纯合,才能提高选择效果;低遗传力性状仅通过表型值选择,效果较差。

(2)性状的相关性 有些性状相关性很高,因此在选择时不能单纯追求某一性状,而忽视与其高度相关的性状,要尽可能全面掌握各个性状的相关关系,才有可能取得良好的选择效果。

（3）掌握性状发育规律，尽早选择　利用早期性状与周岁或成年性状的相关关系，进行早期选择。如选择断奶重大的可以提高周岁体重和成年重。

2. 系谱选择　系谱选择是根据系谱资料进行选择，系谱资料记录祖先的生产性能，根据系谱资料在一定程度上就可以预测要选择的个体遗传特性，再结合个体表型选择来考虑是否留作种用。在祖先中，受遗传影响最大的是被选择的个体父母，其次是祖父母、曾祖父母。在利用系谱选择时除了考虑遗传稳定性外，还要注意饲养条件以及气候条件等因素。饲养水平等因素也会直接影响到生产力的高低。

3. 半同胞选择　半同胞选择是根据被选择个体同父异母的半同胞的成绩来估计其育种值。在羊群中同父异母半同胞比较容易找到，特别是人工授精的羊群，根据同年出生、饲养环境比较接近的半同胞的生产记录来预测个体的生产潜能，在没有详细系谱资料的情况下，利用半同胞资料也可以做到提早选择。

4. 后裔选择　后裔选择是根据后代生产性能和综合品质来判断该个体种用价值，这是最直接最可靠的选种方法，因为选种的目的就是为了获得优秀的后代，如果后代生产性能高，说明该个体种用价值高。后裔选择对于公羊意义更大，因为公羊所配的母羊比较多，其后代也比较多，通过后代性能测定就可以看出该公羊是否具有种用价值。但后裔选择时间长，需要等到个体出现后代之后才能进行，因此后裔选择可以作为辅助手段。

对于中小型肉羊自繁自养场来讲，要想有一个稳定的基础羊群，必须有意识地选留外貌特征符合品种特点的羊。选留产羔多、羔羊初生重大、泌乳量高的母羊，再选留其所生的多胎羔羊作为种用，将来的多胎性也会高，这是提高多胎性的重要途径。不要一味地选留长得快的公羔，长得快的公羔往往是单胎，因此在留种时要从哺乳期开始，经过断奶、育成等几个阶段，从血统、体型外貌、繁殖性能等方面综合考虑留种。此外，无论什么品种，在大群饲养时，不同个体的产羔间隔不同，有些羊产后发情较早，配种及时的话，产羔间隔就会缩短，因此要着重留意那些产后及早发情的母羊，选留那些多次产后发情较早的母羊，提高这类羊在群体中的比例，就可以提高整体羊群的利用效率。

对于所有种母羊和种公羊都需要建立档案，才能保证有记录可查，才能应用上述选种方法留种。表 3-10 和表 3-11 分别为种母羊和种公羊档案卡片。

表 3-10 种母羊卡片

羊　号	品　种	等　级	出生日期	同胎只数

出生地点	父系		等级	母系		等级
	羊号	品种		羊号	品种	

繁殖记录						
胎次	日期	产羔只数	公	母	成活	死亡

表 3-11 种公羊卡片

羊　号	品　种	等　级	出生日期	同胎只数

出生地点	父系		等级	母系		等级
	羊号	品种		羊号	品种	

配种记录						
年份	日期	产羔母羊数量	公	母	成活	死亡

（二）从选配角度提高后代生产性能

选配通俗地讲就是在选种的基础上，为了获得理想的后代而进行的人为选择确定公、母羊进行交配。选配是选种工作的延续，有了优良的种羊，选配很关键，直接决定选择的结果，因此选种与选配是规模羊群杂交改良及育种工作中两个相互联系、密不可分的重要环节。选配的意义在于使公羊和母羊的固有优良性状稳定地遗传给下一代，将分散在公羊和母羊上的优良性状结合传给下一代，将不良性状或缺陷性状削弱或剔除。

按照交配的数量不同，选配可分为个体选配和群体选配；根据交配的公、母羊的品质对比和亲缘关系，选配可分为品质选配和亲缘选配两种类型。

品质选配可分为同质选配和异质选配两种，同质选配就是选择性状相同、性能相似的优秀公、母羊进行交配，目的是获得与亲本相似的优秀后代，在生产实践中，为了保持本品种（系）优良性状，或者使优秀的种羊性状稳定地传给下一代，经常采用同质选配。异质选配具体可分为两种，一种是指选择具有不同优良性状或者特点的公、母羊进行交配，目的是将两个性状结合在一起从而获得具有双亲不同优点的后代；另一种是选择同一性状但优劣程度不同的公、母羊进行交配。

亲缘选配是指根据公、母羊亲缘关系远近而进行交配，按照公、母羊的亲缘关系远近可分为近亲交配（简称近交）和远亲交配（简称远交）。确定近交和远交的标准是其所生后代的近交系数不超过 0.78%，即交配的公、母羊到共同祖先的代数不超过 6 代，这样的交配为近交；反之，为远交。

近交的主要作用一是固定优良性状，保持优良血统；二是暴露有害基因。通过近交可以使优良性状基因纯合，从而使其能够稳定地遗传给后代,在品种培育过程中,当出现了符合理想性状后,常常采用同质选配加近交来固定优良性状;另外,由于近交使基因纯合,隐性有害基因暴露机会增多,这样可以及早将携带有害基因的个体淘汰,减少携带有害基因的羊在群体中的比例,从而提高整体羊群遗传品质。在生产实践中,选配应注意以下几点:一是选配的公羊综合品质特性要好于母羊;二是应谨慎利用近交,避免滥用;三是及时总结选配效果,如选配效果好可继续按原方案进行,否则及时更换公羊进行选配。

做好配种工作,既要做好对配种公羊、母羊的选育和选配,又要掌握好配种时机,做到适时配种和多次配种。母羊的发情期持续时间短,尤其是绵羊,因而要把握好配种时机,及时发现羊群中发情的母羊,以免造成漏配。大量的生产实践证明,在繁殖季节开始后的第1~2个发情期,母羊的配种率和受胎率是最高的,而且在此时期所配母羊所生羔羊的双羔率也高。一些高产的母羊的排卵数多,但是所产的卵子不是同时成熟和排出,而是陆续成熟然后排出,因而要对母羊进行多次配种或输精,可利用重复简配、双重交配和混合输精的方法,令排出的卵子都能有受精的机会,从而提高产羔率。建议发情的母羊每隔8小时配种1次,直到发情期结束母羊不接受爬跨为止。

第四章 科学搭配选择饲料保证日粮营养

阅读提示：饲料和营养是影响肉羊舍饲成本和经济效益的主要因素，舍饲养羊效益低的主要原因是饲养成本增加。放牧或半放牧条件下，羊可以利用很多草场上的植物作为饲料，饲草成本较低，而舍饲条件下，所有日粮均有成本投入。因此，在饲料选择上应遵循多样性原则，因地制宜地利用本地饲料资源，广开饲料资源，降低饲料成本。在饲料储备和配制方面，有些羊场和农户存在一些误区，缺乏计划，导致营养不全面，生产不均衡。本章主要介绍羊的生理特点、羊需要的营养物质、常用饲料资源、肉羊舍饲日粮选择和搭配、饲草储备等内容。

一、羊的消化生理特点

羊是复胃动物，根据羊胃的结构和生理特点，复胃分为前胃和真胃两大部分。前胃是羊对饲料进行微生物发酵和营养物质吸收的重要场所，有三室，分别为瘤胃（占整个胃容量的79%）、网胃（又叫蜂巢胃，其容积占整个胃容量的7%）、瓣胃（其内壁有大量皱褶）。

（一）瘤胃特点

瘤胃容积大，是一个天然的连续发酵罐，羊采食大量饲料的临时"贮藏库"，寄生着60多种微生物，对羊消化、吸收有重要的作用。瘤胃微生物包括细菌和原虫,每毫升瘤胃液中含细菌5亿~10亿个,原虫2 000万~5 000万个。对粗纤维的分解和蛋白质合成起主要作用的是细菌。瘤胃的环境,对微生物的繁殖非常有利。瘤胃内温度40℃左右,pH值6~8,是一个连续的厌氧发酵系统。瘤胃微生物与羊的共生关系,是在长期的生物进化过程中形成的,是反刍动物对恶劣自然环境的适应。正是由于复杂的瘤胃消化功能,羊在利用品质粗劣的饲草方面,其利用效率高于猪和鸡等单胃动物。粗饲料是羊日粮必需的组成部分,粗饲料进入瘤胃后,未经仔细咀嚼或质地粗劣的草料会刺激瘤胃壁,引起逆呕反射,借助瘤胃的蠕动和食管的节律性收缩,将食团从瘤胃中反呕到口中,经反复咀嚼后再吞入瘤胃,促进瘤胃的机械性消化和微生物发酵,经过瘤胃微生物的消化将粗饲料转化成脂肪酸。羊所需能量的很大一部分是通过瘤胃吸收微生物发酵过程中产生的挥发性脂肪酸(VFA)来满足的。反刍是羊和其他反刍动物正常的消化生理功能。羊每天的反刍次数约为8次,每次反刍持续时间40~60分钟,每天用于反刍的时间8~10小时,逆呕到口腔的总食团数约500个,每个食团再咀嚼的次数为70~80次。

影响羊反刍的因素很多,草料的种类、品质,日粮的调制方法,饲喂方式,气候、饮水以及羊的体况等都会影响反刍。当羊过度疲劳、患病或受到外界的强烈刺激时会造成反刍紊乱或停止,对羊的健康不利。当病羊表现出食欲废绝、反刍停止时,表明羊的病情已十分严重,往往预后不良。

(二)瘤胃的消化功能

瘤胃的消化功能主要是分解消化粗纤维、合成菌体蛋白和维生素。

1. 分解消化粗纤维　羊本身并不能产生水解粗纤维的酶,必须借助微生物活动产生的纤维水解酶把粗饲料中的粗纤维分解成容易被消化吸收的碳水化合物，通过瘤胃壁吸收利用，作为羊主要的能量来源。羊通过瘤胃微生物对日粮营养物质的发酵、分解所得到的能量，占羊能量需要量的 40%～60%。

2. 合成菌体蛋白，改善日粮的粗蛋白质品质　日粮中的含氮物质（包括蛋白质和非蛋白质含氮化合物）进入瘤胃后，大部分会经过瘤胃微生物的分解，产生氨和其他低分子含氮化合物，瘤胃微生物再利用这些低分子含氮化合物来合成自身的蛋白质，以满足自身生长和繁殖的需要。随食糜进入真胃和小肠的微生物，可被消化道内的蛋白酶分解，成为羊的重要蛋白质来源。通过瘤胃微生物的作用，把低品质的植物性蛋白质转化为高质量的、更符合羊营养生理需要的菌体蛋白，经过瘤胃微生物的分解和合成作用，日粮的必需氨基酸含量可提高 5～10 倍，可以满足羊的营养需要。试验表明，用禾本科干草或农作物秸秆饲喂绵羊时，由瘤胃转移到真胃的蛋白质约有 82% 属于菌体蛋白。可见，瘤胃微生物在肉羊的蛋白质营养方面具有重要的作用。

3. 合成维生素　维生素 B_1、维生素 B_2、维生素 B_{12} 和维生素 K 是瘤胃微生物的代谢产物，可以被羊在小肠等部位吸收利用，满足羊对这些维生素的需要。因而，成年羊一般不会缺乏这几种维生素。在放牧条件下，羊也很少发生维生素 A、维生素 D、维生素 E 的缺乏。但是，当羊长期舍饲或处于冬季断青的情况下，尤其对种公羊、生长期幼龄羊、妊娠后期的母羊易发生维生素缺乏症。因此，舍饲肉羊必须在日粮中添加这几种维生素或饲喂含维生素丰富的青绿多汁饲料、青贮饲料，以满足维持羊健康、生长发育及生产需要。

瘤胃的发酵类型对羊的生长发育和生产来说具有特殊的意义，大致可分为以乙酸为主和以丙酸为主两大类型。瘤胃的发酵类型主要受日粮组成的影响。近期的一些试验研究表明，不同的瘤胃发酵类型对不同生产方向具有不同的影响,乙酸发酵类型对提高乳用羊的生产能力是有利的,而丙酸发酵类型更有利于羊的快速生长发育和增重,这是因为丙酸发酵不产生甲烷,可以向羊提供较多的有效能量,提高饲料利用率。所以,要尽量提高瘤胃内丙酸比例,通过增加谷物类精饲料以及粗饲料的磨碎、压粒,日粮中添加瘤胃素等,就可调节瘤胃发酵,提高丙酸比例,给羊供给更多的有效能促进生长。

对于羔羊,尤其是哺乳前期羔羊,其瘤胃微生物区系尚未形成,因而不能像成年羊那样大量利用粗饲料。羔羊饲料要求纤维素含量低,蛋白质质量要高。

真胃又叫皱胃,与其他单胃动物的胃一样,能分泌胃酸和消化酶,可进行有效的化学性消化。

小肠是羊的重要消化吸收器官,较长,具有较强的消化吸收能力,而大肠的长度仅有小肠的1/10,其功能主要是吸收水分和形成粪便。

二、羊生长发育和生产需要的营养物质

对羊营养需要的了解是饲养管理、日粮搭配、饲料制作的基础。肉羊生长发育和生产需要的营养物质主要包括碳水化合物、蛋白质、脂肪、矿物质、维生素和水。下面重点介绍以下六种营养物质。

(一)碳水化合物

碳水化合物是形成动物体组织和合成畜产品必不可少的成分,主要提供能量和粗纤维。碳水化合物除被羊体消化吸收和氧化分解,产生热能,维持体温及生命活动外,剩余部分可以在体内转化成脂肪贮存起来,以备饥饿时用。此外,碳水化合物还可影响羊瘤胃中微生物的繁殖以及菌体蛋白的合成。如果饲料中碳水化合物供应不足,肉羊就会动用体内贮存的脂肪和蛋白质来满足能量的需求,导致体重下降,生长发育缓慢,繁殖力降低。相反,如果饲料中碳水化合物过多,就会合成脂肪蓄积于羊体内,体重就会增加。因此,在羔羊生长发育、种羊生产期,以及肉羊育肥时应多饲喂碳水化合物含量高的饲料,以保证生长、生产和育肥的需要。

肉羊对能量的需要量和所处的生理阶段、生理状况有关。一般在正常饲养管理条件下,夏季可从青饲料中获得充足的能量,饲喂一些青绿饲料如青牧草、羊草、青玉米秸等时,由于这些青绿饲料中碳水化合物含量高,因此可减少精饲料的喂量;而在冬季,没有青绿饲料,干草营养价值降低,需要补充更多的精饲料来满足能量需要。

(二)蛋 白 质

蛋白质不仅构成羊体的各种组织器官,也是体内酶类、激素、抗体以及羊皮、羊毛、肌肉、蹄、角等组织的主要成分。日粮中蛋白质不足,会影响羊体对其他营养物质的吸收利用,造成消化功能减退,使肉羊生长缓慢、体重减轻、消瘦、衰弱甚至死亡。饲料中的蛋白质,是由各种氨基酸组成的,肉羊对蛋白质的需要,实质是对各种氨基酸的需要。氨基酸有 20 多种,其中有些氨基酸在体内不能合成或合成速度和数量不能满足羊正常生长需要,必须从饲料中供给,称为必需氨基酸(EAA)。成年羊瘤胃中的微生物能将食入的纤维素、蛋白质或非蛋白氮等进行分解转化,合成各种氨基酸,一般不缺少必需氨基酸。羔羊由于瘤胃发育不完善,至少要提供组氨酸、异亮氨酸、亮氨酸、赖氨酸、蛋氨酸,苯丙氨酸、苏氨酸、酪氨酸和缬氨酸等 9 种必需氨基酸。随着瘤胃的发育成熟,对日粮中必需氨基酸的需要逐渐减少。

(三)脂　肪

脂肪是构成羊体的重要成分和热能的重要来源,同时也是脂溶性维生素的溶剂。羊体内多余的脂肪以体脂形式贮存,用以保存体温,并在饲料条件差时,转化为热能供羊体维持生命和生产。

羊体内的脂肪主要由饲料中的碳水化合物转化为脂肪酸后再与甘油结合形成。由于羊体不能直接合成十八碳二烯酸(亚麻油酸)、十八碳三烯酸(次亚麻油酸)和二十碳四烯酸(花生油酸)三种不饱和脂肪酸,必须从饲料中获得。若日粮中缺乏这些脂肪酸,羔羊生长发育缓慢,皮肤干燥,被毛粗直,有时易发生维生素 A、维生素 D 和维生素 E 缺乏。

(四)矿　物　质

矿物质是构成体组织的重要组成部分,其中的一些微量元素更是体组织中重要酶类的组成成分或激活因子,参与体内的许多代谢活动和生命过程,是保证羊体健康和生长发育所必需的营养物质。短期内日粮中矿物质和微量元素不足时,肉羊可以动用其体内的储备,以保证正常发育和生产繁殖。如果长期不足或过量,会造成矿物质和微量元素缺乏或中毒,影响肉羊的健康。现已证明,至少 15 种矿物质元素是肉羊所必需的,其中常量元素 7 种,分别是钙、磷、氯、钠、钾、镁和硫;微量元素 8 种,分别为铁、铜、锰、锌、钴、钼、碘和硒。

1. 钙和磷　钙和磷是羊体内含量最多的矿物质,约有 99% 的钙和 80% 的磷存在于骨骼和牙齿中。其余少量钙存在于血清及软组织中,是一些酶的重要激活因子。少量磷存在于细胞核和细胞膜中,是核酸、磷脂和蛋白质的组成成分。

羊对钙、磷的吸收和利用,与维生素 D 有密切关系,所以需保证维生素 D 的供给。肉羊日粮中钙、磷的适宜比例是 1.5～2∶1,比例不当,会影响二者在羊体内的有效利用。饲料中钙、磷不足,肉羊就会食欲减退,消瘦,生长停滞;公羊精液质量差,受精率降低;母羊生弱胎、死胎;严重缺乏时,幼羊患骨软症,成年羊骨质疏松,母羊产前产后瘫痪,甚至死亡。钙、磷过多,也会影响羊正常生长。钙磷比例不平衡也容易造成尿结石,在饲料配比不当的育肥羊中最常见。

2. 钠、钾和氯 钠、钾和氯是维持体液渗透压、酸碱平衡和控制水代谢的必需元素。肉羊的饲料以植物性饲料为主,其中钠和氯的含量很少,往往不能满足其正常的生理需要。一般按日粮干物质的 0.15％～0.25％ 或混合精料的 0.5％～1％ 添加食盐,可满足营养需要。过量食入食盐,饮水又不足时会出现腹泻,严重时可引起中毒、死亡。为了避免中毒,可以将食盐与其他的矿物质及辅料混合后制成舔砖让羊舔食。肉羊对钾的需要占饲料干物质的 0.5％～0.8％,植物性饲料中钾一般不缺乏。

3. 镁 镁是骨骼和牙齿的主要成分,也是体内磷酸酶、氧化酶、激酶等的活化因子,除参与碳水化合物、脂肪、蛋白质代谢和遗传物质的合成外,还能调节神经肌肉兴奋性,维持神经肌肉的正常功能。干草中镁的吸收率高于青草,饼粕和糠麸中镁含量丰富,舍饲羊较少发生镁缺乏症。但有些地区土壤中缺镁,所生长的牧草也缺镁,特别在晚冬和早春季节,羊对嫩绿青草中的镁利用率较低,易引起镁缺乏症。

4. 硫 硫除对体蛋白、激素、被毛合成以及碳水化合物代谢有重要作用,还参与氨基酸、维生素和激素的代谢,并具有促进瘤胃微生物生长的作用。正常情况下很少出现硫缺乏症。肉羊补饲非蛋白氮时必需补饲硫,否则瘤胃中氮与硫的比例不当,不能被微生物有效地利用。肉羊缺硫，表现为食欲减退、掉毛、多泪流涎、体重下降。常用补硫原料主要是蛋氨酸、硫酸钙、硫酸铵、硫酸钾等，其中蛋氨酸的效果要优于后者。

5. 铁 铁主要存在于肉羊肝脏和血液中，不仅是血红素、肌红蛋白和许多呼吸酶类的成分，还参与骨髓的形成。饲料中缺铁，易导致羊患贫血，羔羊尤为敏感。铁过量会引起磷的利用率降低，导致软骨病。通常情况下，青绿饲料和谷类富含铁，成年羊一般不缺铁。对哺乳羔羊和舍饲育肥羊应注意补铁，以免影响生长发育。

6. 铜 铜对血红素的形成有催化作用，也是许多酶的成分和激活剂，对一些酶的活性和精子活动有明显影响。如果长期饲喂生长在缺铜地区土壤中的植物或草地土壤中钼含量较高时，容易造成铜的缺乏。通常在羊的日粮中补充硫酸铜、蛋氨酸铜，也可以在草地施用硫酸铜肥或将硫酸铜溶液喷洒在干草上。

肉羊对铜的耐受性较低，日粮中铜含量过高也会引起中毒，绵羊对过量铜耐受力最弱，舍饲期间绵羊每千克日粮干物质含铜40毫克就会出现明显的中毒症状。

7. 锌 锌除作为体内各种酶和胰岛素的组成成分，参与碳水化合物代谢外，还与被毛的正常生长和繁殖功能有密切关系。肉羊缺乏锌时，羔羊表现为生长受阻，皮肤角化不完全，羊毛、羊角脱落，公羊睾丸发育不良，精子生长停止，精液品质下降。日粮中含钙量高易引起缺锌。在配合日粮时，要综合考虑。注射维生素E可缓解肉羊缺锌症状，但维生素E无法替代其生物学功能。

8. 锰 锰参与骨骼的形成，是性激素和某些酶类的重要组成成分，对卵泡的形成、肌肉和神经的活动都有一定作用。钙磷比例失调，会影响锰的消化和吸收。肉羊缺锰影响繁殖性能，表现为发情不明显，妊娠初期易流产，羔羊初生重低，死亡率高。可用硫酸锰、氯化锰等补充。

9. 钴 钴是维生素 B_{12} 的组成成分，以钴离子形式参与造血。

在代谢过程中是某些酶的激活剂。肉羊瘤胃中的微生物能利用钴合成维生素 B_{12}。羊采食饲草中每千克干物质含钴量低于 0.07 毫克/千克时,会出现缺钴症。羊缺钴表现食欲不振、贫血、消瘦,幼羊生长停滞,繁殖力、泌乳量和剪毛量都降低。缺钴地区,给羊补钴,每天每只 0.5 毫克左右,可以制成添加剂或钴化食盐,也可将氧化钴放入胶丸内制成钴丸喂给羊,使其在瘤胃内缓慢释放。

10. 硒 硒是谷胱甘肽过氧化物酶及多种微生物酶发挥作用的必需元素,能还原过氧化脂类,保护细胞膜不受脂类代谢产物的破坏。缺硒时,脱碘酶失去活性或活性降低,会影响甲状腺素的合成,进而影响肉羊的生长发育。研究表明,硒与冷应激状态下产热代谢有关,缺硒动物在冷应激状态下产热能力降低,会影响新生羔羊抵御寒冷的能力。

通常情况下,缺硒与 B 族维生素缺乏有关。缺硒可引起羊食欲减退,生长缓慢,繁殖力降低。羔羊主要表现是白肌病。在缺硒地区,妊娠后期母羊,每只注射 1‰亚硒酸钠 1 毫升,或羔羊出生后每只注射 0.5 毫升,可预防该病的发生。NRC 推荐的矿物质需要量见表 4-1。

表 4-1 绵羊对矿物质元素的需要量

元素名称	需要量(克/天)	元素名称	需要量(毫克/天)
钠	0.6～3.3	铁	6.0～104.0
氯	0.7～6.4	锰	11.0～83.0
钾	5.2～27.2	锌	20.0～113.0
钙	1.8～20.7	钴	0.08～1.06
磷	1.3～18.2	碘	0.4～4.2
硫	1.7～8.5	硒[1]	0.02～0.92
铜	2.7～28.2	硒[2]	0.03～1.84

(五)维 生 素

维生素是肉羊生长发育、繁殖和维持生命所必需的重要营养物质,对神经调节、能量转化和组织代谢有重要作用。维生素缺乏可引起机体代谢紊乱,影响动物健康和生产性能。

维生素分为脂溶性和水溶性两类。脂溶性维生素包括维生素 A、维生素 D、维生素 E 和维生素 K;水溶性维生素包括 B 族维生素和维生素 C。

1. 维生素 A 维生素 A 对维持羊正常的视觉、促进细胞增殖、器官上皮细胞的正常活动有重要功能,并能调节有关养分的代谢。

维生素 A 缺乏时,肉羊采食量下降,生长停滞、消瘦、皮毛粗糙、无光泽,未成年羊出现夜盲、甚至完全失明;母羊发情期缩短或延迟,受胎率低,产后子宫发炎;公羊性功能减退,精子质量下降。青草、青贮饲料、胡萝卜中含有大量的胡萝卜素,是肉羊获得维生素 A 的主要来源。麦秸、稻草和劣质干草中的胡萝卜素含量很低,舍饲肉羊长期饲喂这些粗饲料时需补充维生素 A。

2. 维生素 D 维生素 D 可促进小肠对钙和磷的吸收,影响骨骼、牙齿对钙和磷的沉积。肉羊维生素 D 缺乏会影响钙、磷的代谢,表现食欲不振,体质虚弱,生长发育缓慢;羔羊易发生佝偻病、骨骼软化或弯曲,成年羊易患骨质疏松。青绿饲料中麦角固醇含量高,经过阳光照射后转化为维生素 D_2,羊表皮层的 7-脱氢胆固醇,经阳光照射能转化为维生素 D_3。圈内舍饲或见不到阳光的羊要注意补充维生素 D 或多喂青绿饲料和青干草。

3. 维生素 E 维生素 E 又称生育酚,具有调节生殖功能,维持肌肉正常功能的作用。维生素 E 缺乏时,公羊表现为睾丸发育不全,精子活力减退,繁殖能力下降;母羊表现为性周期紊乱,受胎率低;羔羊时期维生素 E 缺乏,可引起肌营养不良或白肌病。

谷物饲料尤其是种子胚芽中,含有丰富的维生素 E,幼嫩青饲料中的维生素 E 含量也较多,但在加工过程中易被氧化破坏。我国北方,冬季枯草期长,在长期断青的情况下,易发生维生素 E 缺乏。冬季舍饲的种公羊、妊娠母羊和青年育成羊,日粮中应注意补充维生素 E。

4. B 族维生素 B 族维生素主要作为细胞的辅酶,催化碳水化合物、脂肪和蛋白质代谢中的各种反应。正常成年羊瘤胃微生物能合成所需的 B 族维生素,但羔羊瘤胃发育尚未完善,瘤胃微生物区系尚未健全,需注意在日粮中添加硫胺素、核黄素、烟酸、吡哆醇、生物素、烟酸、泛酸和胆碱等 B 族维生素。维生素 B_{12} 在肉羊体内丙酸代谢过程中有重要作用。钴是维生素 B_{12} 的组成成分,其缺乏常常是由日粮中缺钴造成的。

5. 维生素 K 维生素 K 的主要作用是催化肝脏中凝血酶原和凝血活素的合成。维生素 K 不足,会显著降低血液凝固能力。青绿饲料中富含维生素 K_1,瘤胃中可合成大量维生素 K_2,一般不会缺乏。但由于饲料间的一些成分有颉颃作用,如草木樨和一些杂草中含有与维生素 K 化学结构相似的双香豆素,会妨碍维生素 K 的利用;霉变饲料中的真菌毒素有制约维生素 K 的作用;药物添加剂如抗生素和磺胺类药物,也能抑制胃肠道微生物合成维生素 K,出现这些情况时,需适当增加维生素 K 的喂量。

一般来说,幼龄羊、体格小的羊比老龄羊、体大及成熟而未产羔的成年羊对各种维生素的需要量要多一些。成年肉羊的瘤胃内可以合成维生素 B 族以及维生素 K,在肝脏和肾脏中可以合成维生素 C,一般只需要添加脂溶性维生素。有资料认为,某些瘤胃微生物需要特定的维生素 B 调节生长。当用尿素替代蛋白质饲料时,更应考虑维生素的平衡。羔羊由于瘤胃发育不成熟,功能不全,需补饲含维生素的补充料。具体还要视母羊日粮和环境状况而定。如果舍饲母羊羊奶中的维生素含量不能满足羔羊的需要，为预防维生素缺乏，也可以在母羊的精饲料中添加维生素。NRC(2007)推荐的维生素需要量见表 4-2。

表 4-2　绵羊维生素需要量

名　称	幼龄羊	种公羊	母　羊
维生素 A(RE*/天)	2000～8000	3745～6825	1256～7490
维生素 E(国际单位/天)	200～800	393～840	212～784

* RE＝1.0 微克全反式视黄醇＝5.0 微克全反式胡萝卜素＝7.6 微克类胡萝卜素

(六)水

水是生命活动不可缺少的物质。肉羊的一切生理活动都需要水的参与。肉羊饮水不足，会使血液浓缩，胃肠蠕动减慢，影响消化吸收，代谢废物排泄不畅，体温调节功能等遭到破坏。有研究认为，羊体内水分损失 5％时，有严重饮欲，食欲下降或废绝；羊体内失去 10％的水分时，即会感到不适，羊出现代谢紊乱，生理过程遭到破坏；失去 20％～25％的水分时，就会危及生命。

羊的需水量受环境温度、生理阶段、饲料组成、采食量、机体代谢水平等因素影响。一般情况下成年羊饮水量为采食干物质量的 2～3 倍。肉羊舍饲要供给足够的饮水，在羊舍和运动场里设置水槽，经常保持清洁的饮水，尤其炎热的夏季更应该注意。

三、肉羊常用饲料资源

根据营养特性，舍饲肉羊的饲料分为青绿饲料、青贮饲料、粗饲料、能量饲料、蛋白质饲料、矿物质饲料、维生素饲料和添加剂。一般习惯把能量饲料和蛋白质饲料统称为精饲料。

（一）青 饲 料

青绿饲料主要包括青牧草、青刈饲料和叶菜类等，其特点是水分含量高，天然水分含量在60％以上；粗纤维含量少；粗蛋白质含量丰富，在一般禾本科和叶菜类中含1.5％～3％，豆科青饲料中含3.2％～4.4％。青绿饲料维生素含量丰富，也是矿物质的良好来源，钙、磷丰富，尤其豆科牧草中含量较高。由于青绿饲料柔嫩多汁，其有机物质消化率可达75％～80％。

1. 青饲料的种类

（1）青牧草 包括自然生长的野草和人工种植的牧草。青野草种类较多，其营养价值因植物种类、土壤状况等不同而有差异；人工牧草如苜蓿、沙打旺、草木樨、苏丹草等营养价值较一般野草高。

（2）青刈饲草 是把农作物如玉米、大麦、豌豆等进行密植，在籽实未成熟前收割，饲喂肉羊。青刈饲料中蛋白质含量和消化率均比结籽后高，茎叶的营养含量上部高于下部，叶高于茎，因此收贮时应尽量减少叶部损失。

（3）叶菜类 包括树叶（如榆、杨、桑、果树叶等）和青菜（如白菜等），含有丰富的蛋白质和胡萝卜素，粗纤维含量较低，营养价值较高。

2. 利用青绿饲料时的注意事项

（1）多样搭配 青饲料是肉羊不可缺少的优良饲料，但其干物质少，能量相对较低。在肉羊生长期可用优质青饲料作唯一的饲料来源，在育肥后期加快育肥则需要补充谷物、饼粕等能量饲料和蛋白质饲料，才能满足营养需要。另外，有些青饲料如沙打旺营养价值较高，但适口性差，有苦味，最好与秸秆或青草混合青贮，或与其他草混合饲喂。

（2）收割时间和加工方法　要充分利用生长早期的青饲料，适时收割，收储时尽量减少叶部损失。饲喂肉羊，一般以 3～10厘米为宜。

（3）预防中毒　萝卜叶、白菜叶等叶菜类含有硝酸盐，堆放时间过长，腐败菌能把硝酸盐还原为亚硝酸盐引起肉羊中毒；玉米苗、高粱苗、亚麻叶含氰苷，羊采食后在瘤胃中会生成氢氰酸发生中毒，应晒干或制成青贮饲料饲喂；对喷过农药的牧草、蔬菜、田间杂草等，应在药效消失后饲喂，以防农药中毒。

（二）粗 饲 料

指粗纤维含量在 18％以上，营养价值较低的一类饲料，常指各种农作物收获籽实后剩余的秸秆、秕壳以及干草等。粗饲料中无氮浸出物和粗纤维含量高，粗蛋白质、维生素和钙、磷含量低。但是，粗饲料来源广、种类多、产量大、价格低，是肉羊在冬春季节的主要饲料来源。

1. 粗饲料的种类

（1）干草　青草或其他饲料作物刈割后，及时干燥制成干草。用于制干草的有豆科草类的苜蓿、红豆草、小冠花等；禾本科牧草如狗尾草、羊草、谷类茎叶等。优质青干草呈绿色、叶多，适口性好，含有较多的蛋白质、胡萝卜素、维生素 D、维生素 E 及矿物质，是舍饲肉羊重要的基础饲料。

由于所处生态环境、植被类型、牧草种类和收割与调制方法等的不同，干草品质差异很大。干草粗纤维含量一般 20％～30％。粗蛋白质含量，豆科干草 12％～20％，禾本科干草 7％～10％。钙含量豆科干草如苜蓿 1.2％～1.9％，而一般禾本科干草为 0.4％左右。谷物类干草的营养价值，要低于豆科及大部分禾本科干草。优质干草一般绿色均匀、气味清爽，肉羊喜食；呈灰褐色、灰棕色、黑棕色，有焦糖味或似烧烟草味的干草，是因为晒制时雨淋或闷捂过热造成的，质量差，肉羊不爱采食，加工调制时尤其要注意。

（2）秸秆　即各种农作物收获籽实后剩余的茎秆和叶片。主要有玉米秸、谷草、稻草、麦秸、豆秸、甘薯藤和花生秧等。秸秆的粗纤维含量一般为25%～50%，粗蛋白质含量3%～6%，除维生素D之外，其他维生素均缺乏，矿物质钾含量高，钙、磷缺乏。

（3）秕壳　包括籽实脱粒时分离出的颖壳、荚皮、外皮等，如麦糠、谷糠、豆荚、棉籽皮等，其营养价值略好于同作物的秸秆，但稻壳和花生壳质量差。

2. 利用粗饲料饲喂肉羊的注意事项

（1）收割时间和加工调制方法　青干草的质量与收割时间和调制方法有关。禾本科牧草在孕穗期或抽穗期收割，豆科牧草应在结蕾期或开花初期收割。晒制干草时应防止暴晒和雨淋，最好采用阴干法。秸秆的适口性差，消化率低，为提高秸秆的利用率，饲喂前应进行切短、氨化、碱化处理。

（2）限制用量　羊日粮中粗饲料含量一般为60%～70%。秸秆、秕壳、树枝、树叶等粗饲料中粗纤维含量较高，适口性差，在饲喂时要限制其用量。

（3）注意搭配　粗饲料的营养价值差别较大，优质的干草除可维持肉羊的生命之外，还可用于生产。肉羊对秸秆类饲料采食量不足体重的1%，生产中必须与精饲料合理搭配使用。禾本科应与豆科干草配合使用，有条件的再配合青绿饲料更好。

（三）青贮饲料

青贮饲料其实也是粗饲料的一种，只因其经过一定处理，减少饲料营养流失和饲料特性略有改变。青贮饲料是把新鲜的青饲料,如青绿玉米秸、高粱秸、红薯蔓、青草等装入密闭的青贮窖(塔、壕、袋)中,在厌氧条件下经乳酸菌发酵产生乳酸或利用化学制剂调制,从而抑制有害腐败菌的生长,使青绿饲料能长期保存的技术。

青贮饲料酸香可口,柔软多汁,营养损失少。青贮饲料中由于存在大量乳酸菌,菌体蛋白质含量比青贮前提高20%～30%。而且,青贮饲料制作简便、成本低廉,经乳酸发酵可使原来的粗硬秸秆变软,提高营养价值和适口性,解决了冬春肉羊供青饲料的难题,是舍饲肉羊的一类理想饲料。

根据青贮原料的种类、收获季节等的不同,可将青贮饲料分为全株玉米青贮、玉米秸青贮、牧草青贮、蔓秧及叶菜类青贮、混合青贮等。根据调制方法不同,除普通青贮法外,还可进行低水分青贮和添加剂青贮。低水分青贮又称半干青贮,采用此技术可以解决豆科牧草单独青贮不易成功的问题。添加剂青贮,指添加外源物质进行青贮,常用添加物有尿素、酸类、酶制剂、乳酸菌及添加营养物质等方式。

(四)能量饲料

能量饲料是指干物质中含粗纤维低于18%,同时粗蛋白质低于20%的饲料,其特点是淀粉类碳水化合物含量丰富,粗纤维少,易消化;粗蛋白质含量较低(10%以下);赖氨酸、蛋氨酸、苏氨酸、色氨酸等必需氨基酸含量少,胡萝卜素缺乏,但B族维生素丰富。常用能量饲料包括谷实类、糠麸类和薯类饲料,主要功能是供给肉羊能量。

1. 谷实类 指禾本科籽实,如玉米、高粱、大麦等。谷实类含无氮浸出物60%～70%,是羊补充热能的主要来源。这类饲料含粗蛋白质少,为9%～12%,含磷0.3%左右,钙0.1%左右。一般含 B 族维生素和维生素 E 较多,而维生素 A、维生素 D 缺乏,除黄玉米外都缺乏胡萝卜素。对羔羊和快速育肥肉羊需要喂一部分谷实类饲料,并注意搭配蛋白质饲料,补充钙和维生素 A。

(1)玉米 易消化,所含能量在谷实类中最高。整粒玉米喂肉羊,消化不全,宜稍加破碎。

(2)高粱 含能量略低于玉米,粗灰分略高,饲喂肉羊的效果相当于玉米的 90% 左右。

(3)大麦 含粗蛋白质 10% 以上,高于玉米,钙、磷含量也较高,可大量用来喂肉羊。

(4)燕麦 含粗蛋白质高于玉米和大麦,但因麸皮(壳)多,粗纤维超过 11%,适当粉碎后是肉羊的好饲料。

2. 糠麸类 是谷物加工后的副产品,除无氮浸出物外,其他成分都比原粮多,含能量是原粮的 60% 左右。糠麸体积大、重量轻,属于蓬松饲料,有利于胃肠蠕动,易消化。

(1)麸皮 粗蛋白质含量达 14% 左右,适口性好。具轻泻作用,喂量不宜过大。

(2)玉米皮 含粗蛋白质 10.1%,粗纤维 9.1%~13.8%,可消化性比玉米差。

(3)米糠 脂肪含量 15% 以上,易酸败变质,不宜久存。为防止腹泻,勿喂过量。

(4)大豆皮 是大豆加工过程中分离出的种皮,含粗蛋白质 18.8%,粗纤维含量高,但其中木质素少,所以消化率高,适口性也好。研究表明,粗饲料中加入大豆皮能提高羊的采食量,饲喂效果与玉米相同。

3. 薯类 该类饲料在其脱去水分之前,属于块根、块茎类及瓜果类饲料,其特点是水分含量高,干物质相对较少。在干物质中它们的粗纤维含量低,无氮浸出物很高,占干物质的 65%~85%,多是易消化的糖、淀粉等。冬季,在以秸秆、干草为主的肉羊日粮中配合部分此类饲料,能改善日粮适口性,提高饲料利用率。

(1)胡萝卜 产量高、耐贮存、营养丰富。胡萝卜大部分营养物质是淀粉和糖类,因含有蔗糖和果糖,多汁味甜。每千克胡萝卜含胡萝卜素 36 毫克以上,含磷约 0.09%,高于一般多汁饲料。另外,胡萝卜含铁量较高,颜色越深,胡萝卜素和铁含量越高。

(2)甘薯 产量高,粗纤维少,富含淀粉,能量含量居多汁饲料之首。甘薯怕冷,宜在 13℃左右贮存。有黑斑病的甘薯有异味且含毒性酮,喂羊易导致气喘病,严重的可引起死亡。

(3)马铃薯 与甘薯一样,能量含量比其他多汁饲料高。马铃薯含有龙葵素配糖体,在幼芽及未成熟的块茎和在贮存期间经日光照射变成绿色的块茎中含量较高,饲喂过多可引起中毒。饲喂时要切除发芽部位并仔细选择,以防中毒。

(4)甜菜及甜菜渣 饲用甜菜产量高,含糖 5%～11%,喂量不要过多,也不宜单一饲喂。糖用甜菜含糖 20%～22%,经榨汁制糖后剩余的残渣叫甜菜渣。甜菜渣中 80% 的粗纤维可以被羊消化,所以按干物质计算可看成羊的能量饲料。甜菜渣含钙较多,且钙多于磷,比例优于其他多汁饲料。需要注意的是,干甜菜渣在饲喂前应先用 2～3 倍重量的水浸泡,以免干饲后在消化道内大量吸水引起膨胀致病。

甜菜渣加糖蜜和 7.8% 尿素可以制成甜菜渣块制品,质硬、消化慢、尿素利用率高、安全性好,可使采食量提高 20%。

(五)蛋白质饲料

蛋白质饲料指干物质中粗蛋白质含量 20% 以上,粗纤维 18% 以下的饲料。包括油料籽实提取油脂后的饼粕、豆类籽实、糟渣。

1. 豆科籽实　豆科籽实含无氮浸出物 30%～60%，粗蛋白质 20%～40%。除大豆外，脂肪含量较低（1.3%～2%）。大豆含粗蛋白质约 35%，脂肪 17%，适合作蛋白质补充料。但由于大豆中含有抗胰蛋白酶等抗营养物质，喂前需煮熟或蒸炒，以利于蛋白质的消化吸收。

2. 饼粕类　饼粕类粗蛋白质含量 30%～45%，粗纤维 6%～17%，所含矿物质一般磷多于钙，富含 B 族维生素，而胡萝卜素含量较低。

（1）豆饼　质量居饼粕之首，含粗蛋白质 40% 以上。质量好的豆饼色黄味香，适口性好，价格高，在日粮中含量不要超过 20%。

（2）棉籽饼　是棉区喂羊的好饲料，去壳机榨或浸提的棉籽饼含粗纤维 10% 左右，粗蛋白质 32%～40%；带壳的棉籽饼含粗纤维高达 15%～20%，粗蛋白质 20% 左右。棉籽饼中含有游离棉酚毒素，长期大量饲喂（日喂 1 千克以上）会引起中毒。影响公羊精液进而引起不育，种公羊饲料禁止添加，羔羊日粮中一般不超过 20%。

（3）菜籽饼　含粗蛋白质 36% 左右，矿物质和维生素比豆饼丰富，含磷较高，含硒比豆饼高 6 倍，居各种饼粕之首。菜籽饼含芥子毒素，不宜用来饲喂羔羊和妊娠羊。

（4）向日葵饼　去壳压榨或浸提的饼粕粗蛋白质达 45% 左右，能量比其他饼粕低；带壳饼含粗蛋白质 30% 以上，粗纤维 22% 左右，喂羊营养价值与棉籽饼相近。

3. 糟渣类　糟渣类是谷实及豆科籽实加工后的副产品。这类饲料含水分多，宜新鲜时喂用。酒糟粗蛋白质占干物质的 19%～24%，无氮浸出物 46%～55%，是育肥肉羊的好饲料。粉渣是玉米或马铃薯制取淀粉后的副产品，粗蛋白质含量较低，但无氮浸出物含量较高，折成干物质后能量接近甚至超过玉米。

(六)矿物质饲料

主要是用于补充日粮中矿物质的不足。常用的矿物质饲料有食盐、骨粉、贝壳粉、石粉、磷酸氢钙。

食盐主要成分是氯化钠,补充钠和氯的不足,并促进唾液分泌,增强食欲。

贝壳粉由贝壳煅烧、粉碎而成。含钙34%～40%,是钙补充剂。石粉即石灰石粉,为天然碳酸钙,一般含钙34%左右,是补充钙质最廉价的原料。

(七)维生素饲料

维生素是指工业提取或人工合成的饲用维生素,如维生素A醋酸酯、胆钙化醇醋酸酯等。维生素在饲料中的用量非常少,常以单独一种或复合维生素的形式添加到配合饲料中,用以补充维生素的不足。

由于成年羊的瘤胃微生物能合成B族维生素和维生素K;肝、肾可合成维生素C,一般不缺乏。因此,除羔羊外,不需额外添加。哺乳羔羊应补给维生素B_2,但当青饲料不足时应考虑添加维生素A、维生素D、维生素E。通常认为反刍动物日粮中需要补充的仅仅是脂溶性维生素。目前研究表明,水溶性维生素比如生物素、烟酸和胆碱等对肉羊的育肥作用也很显著。

实际生产中,为适应不同生长阶段肉羊对维生素的营养需要,添加剂预混料厂生产有针对性的系列复合多种维生素产品,用户可以根据自己肉羊生产需要直接选用。

(八)饲料添加剂

饲料添加剂品种繁多,主要包括营养性饲料添加剂和非营养性饲料添加剂。营养性饲料添加剂是指用于补充饲料营养成分的少量或微量物质,包括饲料级氨基酸、维生素、矿物质微量元素、非蛋白氮等。市场上多数是将氨基酸、维生素、矿物质微量元素混合在一起,称为预混料添加剂。非营养性饲料添加剂是指为保证或者改善饲料品质、提高饲料利用率而加入饲料中的少量或微量物质,包括酶制剂、抗氧化剂、饲用微生物制剂、防腐剂、着色剂、调味剂、香料、黏结剂、抗结块剂等。近年来,新增加的酶制剂、微生态制剂、中草药制剂或提取物等多为天然物质提取物,具有无残留或微量残留等优点,对促进肉羊生长和免疫及改善羊肉品质具有重要作用。

舍饲肉羊饲料中使用的营养性添加剂和非营养性添加剂应符合《允许使用的饲料添加剂品种目录》所规定的品种,或者是取得试生产产品批准文号的新型饲料添加剂品种。饲料添加剂产品的使用应遵守产品说明书所规定的用法、用量。在使用添加剂时,一定要注意不要添加瘦肉精等违禁添加物质,否则属于违法,重者会受到法律的制裁。

四、舍饲肉羊的日粮选择和搭配

羊属于反刍动物,对于舍饲来讲,除了粗饲料之外还需要精饲料作为补充。日粮是指羊每天吃的所有饲料,包含精饲料和粗饲料,从组成上,精饲料分为预混料、浓缩料和全价料,与猪、鸡等单胃动物饲料一样。

(一)肉羊日粮配合的原则

1. 根据品种、生理阶段按需配制 根据舍饲肉羊的具体情况选择饲养标准,一般可按膘情或季节等条件的变化,做 10%上下的调整，以青、粗饲料为主，适当搭配精饲料。先满足能量和蛋白质要求，再满足钙、磷、维生素等需要。

2. 因地制宜，合理搭配饲料 根据羊的生理和采食特点，尽量选择当地营养丰富、价格低廉的原料配合日粮，以降低饲料成本，同时要采用适当比例，多种搭配，既可提高适口性又能达到营养互补的效果。切忌饲料单一，特别是玉米秸秆的用量不要超过50%。实际生产中，饲料原料营养成分含量与饲料营养成分价值表往往有一定差距，如果能对所用原料进行定期抽检化验，可提高饲料配方的准确度。

3. 日粮的体积要适当 日粮体积过大，羊吃不进去；体积过小，可能难以满足营养需要，即使能满足需要，也难免有饥饿感觉。所以，羊对饲料的采食量为每 10 千克体重 0.3～0.5 千克青干草或 1～1.5 千克青草。

4. 日粮要相对稳定 日粮的改变会影响瘤胃微生物生长，更换原料或变动比例时，要有过渡，一般为 7～10 天。若突然变换日粮组成，瘤胃中的微生物不能马上适应变化，会影响瘤胃发酵、降低各种营养物质的消化吸收，甚至会引起消化系统疾病。

5. 注意饲料原料质量 当前，消费者对肉制品的要求越来越高，安全意识越来越强，养殖场（户）要树立"安全肉"意识，配合日粮时，必须保证饲料原料的安全可靠。选用优质干草、青贮饲料、多汁饲料，保证无毒、无害、无霉变、无污染。对国家有关部门明令禁用的兽药及添加剂坚决不予使用。

6. 混合均匀，按需配制 对使用量比较少的饲料原料应先与少量饲料预混，而后再大量混合。混合不匀，容易造成羊只采食不均，某些个体不能满足需要，有些则过量甚至中毒。根据羊的数量和采食量，适量配制日粮。如果一次配制量过大，不能保持饲料的新鲜，维生素等混入饲料后，放置过久易氧化失效。

(二)精饲料的配制和选择

从专业技术和投入方面考虑,根据养殖规模不同精饲料的选择可以分为以下三种仅供参考。

1. 100 只基础母羊以下的肉羊场　建议采用购买精料补充料。这种规模的羊场多数属于农户饲养,不具备饲料营养和配合饲料等专业知识,因此建议直接购买精料补充料。不同阶段的羊选用不同的精料补充料,如母羊精料补充料、羔羊精料补充料、公羊精料补充料等,有的饲料公司可能还会对不同生产阶段的母羊精料补充料分为空怀期、妊娠期和哺乳期精料补充料。

2. 100～300 只基础母羊的肉羊场　建议购买浓缩精饲料,在浓缩饲料的基础上加入能量饲料,配制成精料补充料。即从饲料公司购买浓缩饲料之后,饲喂前将浓缩饲料与玉米、麸皮等搅拌均匀,一般饲料公司会提供浓缩料与能量饲料的配比。购买现成的浓缩饲料配制精料补充料,总体价格要比购买精料补充料便宜一些。商品化的浓缩饲料也会根据肉羊生理和生产阶段不同分为几种,如羔羊浓缩料、母羊浓缩料、公羊浓缩料等。

3. 300 只以上基础母羊的肉羊场　建议使用预混料添加剂,在预混料基础上加上蛋白质饲料和能量饲料组成精料补充料,即购买商品预混料添加剂,在饲喂前,将预混料添加剂与花生饼、棉粕等蛋白质饲料、玉米、麸皮等能量饲料一起搅拌混合,加工成全价精饲料,预混料添加剂一般为 1%～5%,蛋白质饲料比例为 25%～35%,其余为能量饲料,一般预混料添加剂会提供精料补充料参考配比。购买商品预混料添加剂,自己加工成精料补充料,总体价格比购买精料补充料和浓缩饲料要便宜一些。

（三）粗饲料的选择和加工

1. 干草的调制

（1）青干草的调制　青草或其他饲料作物割下来后，经晒干或人工干燥至含水分 14%～17% 时即成青干草。调制青干草的植物要适时刈割、合理调制。早期收割虽然含粗蛋白质、维生素等营养丰富，但产量低，单位总养分量相对少，并且含水量高，难晒干；收割过迟，粗纤维增多，粗蛋白质等营养含量下降。禾本科饲草选在孕穗期或抽穗期，最迟在开花期割完；豆科饲草在结蕾期或开花初期收割较好。

（2）青草粉的加工调制　青草粉是指将适时刈割的牧草经快速干燥后粉碎而成的青绿色粉状饲料。草粉加工业已逐渐成为一种产业，称为青饲料脱水工业，即把优质牧草经人工快速干燥，然后再粉碎成草粉或再加工成草颗粒，或者先切段碎粉后再压制成草块和草饼等，是一种比较经济的蛋白质、维生素饲料资源。目前，加工青草粉的主要原料是苜蓿、杂草。木质化程度高且粗纤维含量高于 33% 的牧草以及含水量在 85% 以上的多汁、幼嫩植物等不适宜加工青草粉。

青草粉的质量与原料牧草的刈割期和干燥技术密切相关。如果错过最适刈割期，生产出来的青草粉粗纤维含量会增加，胡萝卜素和粗蛋白质含量下降。一般豆科牧草第一茬的适宜刈割期为孕蕾初期，以后茬次在孕蕾末期；禾本科牧草的收割不迟于抽穗期。最好采用牧草联合收割机，完成牧草的刈割、切碎、装运以及干燥过程，以保存牧草的营养品质。

目前，生产上常用的青干草干燥方法有自然快速干燥法、人工快速干燥法、豆科牧草茎叶分离法和常温鼓风干燥法。不同干燥方法，对保持鲜草所含养分有很大影响。干燥过程越短越好，收割后的饲草应尽快调制成干草,以免营养物质损失太多。

(3)干草颗粒饲料　牧草经干燥后,一般用锤片式粉碎机粉碎。为减少养分损失和便于贮运,通常再把草粉压制成颗粒。在制粒过程中,还可添加抗氧化剂,以防止胡萝卜素的损失。干草制成颗粒饲料可以减少运输和贮藏中的容积,便于贮运;减少饲喂中的浪费,增加采食量,提高生产性能;几种饲草混合制粒,可防止肉羊挑食,提高干草利用率,但将干草制成颗粒饲料需要制粒设备,只有在大规模养殖场或兼作饲料加工时才划算。

2. 青贮技术　优质青贮饲料是发展舍饲养羊生产的重要饲料来源,掌握青贮饲料制作技术十分必要。

(1)制作原理　在无氧条件下,乳酸菌大量繁殖,产生乳酸,抑制其他微生物的繁殖生长,从而达到保持青饲料营养价值的目的。乳酸菌的生长、繁殖需要适宜的含水量和温度,一般青贮饲料的含水量为65%～75%,温度19℃～37℃,并且含有充足的糖分。

(2)青贮原料　适宜青贮的原料较多,禾本科作物、牧草、豆科牧草和作物、杂草及块根块茎、野菜类都可青贮,有的可以单独青贮,有些需要混合青贮。天然青草及野菜类可单独青贮,也可混合青贮。豆科牧草或作物,含糖量少,粗蛋白质含量较高,不能单独青贮,否则易腐烂,应与禾本科混合青贮。瓜类、块根块茎类应和糠麸、秕壳或切碎的秸秆一起青贮。青贮每立方米重量为:全株玉米青贮600千克,玉米秸秆青贮500千克,青草青贮为500千克。

(3)青贮方法　用于制作青贮饲料的秸秆应切成2～3厘米长,水分保持65%～75%,装料后做到压紧密封。在制作青贮玉米秸秆饲料时,尽量在1周之内完成,青贮能否成功与铡草机的质量和生产效率关系密切。铡草机质量不过关,切割长度或破碎率达不到性能指标,工作时若发生故障,都会延长青贮时间,影响青贮效果。另一方面要求购买与青贮窖容积相配套的铡草机,100米³以下的青贮窖宜选择2～2.5吨/小时的铡草机;100～200

米³的青贮窖宜选择 4 吨/小时的铡草机;200 米³以上的青贮窖应至少选择 6 吨/小时的铡草机,或一窖多机(图 4-1)。青贮消耗秸秆量比较大,一个 100 米³的青贮窖要消耗近 3.3 公顷的玉米秸秆,在建窖比较集中、青贮数量大的地方,一定要提前联系,以保证有充足的秸秆资源。青贮时间紧,任务重,既要运送秸秆,又要铡切、踩实,不是三两个人能完成的活,要准备好充足的人员,还要提前勘查好秸秆运送道路是否畅通,电力供应有没有保障。

制作青贮玉米秸秆注意事项:一要适时收割,快速运到。全株玉米秸青贮,一般在玉米籽粒乳熟期收割;收果穗后的玉米秸,一般在玉米棒子蜡熟至 70% 完熟时,玉米秆仅有下部 1～2 片叶枯黄时,应立即收割青贮。秋季雨水多,应注意收看天气预报,做好抢收抢贮。二要切碎。玉米秸秆切割长度一般要求 2～3 厘米,长了不易踩实,短了不利于反刍消化。三要控制水分,一般青贮玉米秸秆饲料水分要求 66%～75%,将铡短的秸秆攥在手里,秸秆呈一定形状,松开手之后能够落下,这样的水分即可以制作青贮饲料。四要及时装填。装填前,底层可铺一些干草便于吸收青贮过程渗出的液汁,装填青贮窖时,一定要压实,如果装填不实容易导致霉烂。每装 15～20 厘米厚要踩实,装一层踩一层,四角与窖壁要注意踩得越实越好,大型窖可采用机械碾压(图 4-2)。五要严密封存。装填至高出窖口 60 厘米,防止夏季雨水渗入青贮窖。并充分压实后,立即加盖封顶。封顶时先盖 20 厘米厚的干草(麦秸)或铺盖塑料薄膜,然后覆土厚 30～50 厘米,拍实,以利于排水。青贮结束后,还要经常检查,防止漏水、透气,有裂缝时要及时补好。适时收获的青玉米秸,一般不需要添加任何物质就可完成发酵过程,但为了提高青贮饲料品质,也可适当添加一些物质。一是添加尿素,一般每吨青贮饲料中加入 5 千克;二是添加食盐,在青贮原料含水量低、质地粗硬的情况下,每吨青贮饲料可添加 2～5 千克食盐。

图 4-1 一窖多台铡草机制作青贮饲料

图 4-2 青贮饲料装填压实

（4）青贮饲用 一般情况下，青贮饲料经过 30～45 天的封存即可完成发酵过程，可以开始取用。饲用时应注意：一是取料应从一角开始，自上而下，取用量以满足当天采食为准，用多少取多少，以保证青贮料新鲜，取后仍要注意密封。二是开始饲喂时有的羊不大喜欢吃，要进行调教，可以在青贮料上面撒一些羊比较喜欢吃的草料，让其慢慢适应其气味。三是喂量要由少到多，逐渐增加，青贮料略带酸味，初次饲喂青贮饲料的肉羊一般要经过4～7 天的适应期。开始饲喂时，可将少量青贮饲料放在食槽底部，上面撒些精料，喂量应由少到多逐渐增加，一般每只羊每天饲喂 1.5～2.5 千克为宜。四是搭配饲喂，青贮饲料含水量高，相对干物质、能量、蛋白质不足，应与其他饲料混合使用，以满足营养需要。此外，青贮饲料具有倾泻作用，不宜作为单一饲料饲喂。五是预防变质，青贮饲料在空气中容易变质，一经取出就应尽快饲喂，食槽中没吃完的青贮料要及时清除，以免腐败。发霉、变质、腐烂的青贮料不要饲喂。在饲喂过程中，如发现有腹泻现象，应立即减量或停喂，检查青贮饲料是否霉变或其他疾病原因，待恢复正常后再继续饲喂。饲喂青贮饲料时胃内的 pH 值降低，容易引起酸中毒,应减少饲喂量或在混合精饲料中添加 5%～10%的小苏打(碳酸氢钠),降低胃中的酸度。

(5)青贮饲料品质鉴定 青贮饲料质量可以从气味、颜色、触感三方面来判定。优质青贮饲料呈绿或黄绿色,芳香味重,pH 值在 3.8～4.2,质地松柔湿润、不沾手,茎叶花能分辨清楚;中等青贮料呈黄褐或暗绿色,有刺鼻醋酸味,芳香味淡;质地柔软、水分多,能分清茎、叶、花;劣质青贮料呈黑色或褐色,有刺鼻的腐败味、霉味;腐烂、发黏,不能饲喂。

除了青贮窖外,还可以用圆捆包膜机打包青贮(图 4-3),农户还可以使用塑料袋制作少量青贮饲料(图 4-4),青贮塑料袋只能用聚乙烯塑料袋,严禁用装化肥和农药的塑料袋,也不能用聚苯乙烯等有毒的塑料袋。青贮原料装袋后,应整齐摆放在地面平坦光洁的地方,或分层存放在棚架上,最上层袋的封口处用重物压上,一定要密封,防止鼠咬。在常温条件下,青贮 1 个月左右,低温 2 个月左右,即青贮完熟后可饲喂家畜。在较好环境条件下,存放 1 年以上仍保持较好质量。塑料袋青贮优点:投资少,操作简便;贮藏地点灵活,青贮省工,不浪费,节约饲养成本,适合规模较小的羊场。

图 4-3 圆捆包膜青贮

图 4-4 塑料袋青贮

3. 秸秆的加工调制

（1）**物理法**　主要利用人工、机械、热和压力等方法，改变秸秆的物理性状，将其切短、粉碎、浸泡和蒸煮软化。

①**切短和粉碎**　秸秆经切短或粉碎后，便于咀嚼，减少能耗，同时提高采食量，减少浪费。而且，切短和粉碎后的饲料易于和其他饲料配合，在生产上比较实用。但由于粉碎会加快饲料通过消化道的速度，降低消化率，从饲料有效利用角度考虑，一般将秸秆切短饲喂，不提倡粉碎后直接饲喂。

②**浸泡**　将秸秆切碎，放入一定量水中进行软化，能提高适口性；同时，浸泡处理可改善饲料采食量和消化率。

③**蒸煮**　将秸秆放在具有一定压力的容器中进行蒸煮处理，能提高其营养价值。如将稻草、麦秸、麦壳等切碎，放入铁锅内蒸煮5～6小时，羊喜欢采食，但费事成本高不太实用。

④**热喷法**　又称膨化，是将农作物秸秆原料装入特制的密闭压力罐内，利用高压蒸汽处理后，突然降压以破坏纤维结构的方法。其原理是使木质素低分子化，分解结构性碳水化合物，增加可溶性成分。试验表明，热喷对提高秸秆类饲料饲用价值效果显著，但由于设备投资较高，难以在生产中推广应用。

（2）**化学法**

①**碱化处理**　即氢氧化钠处理，将秸秆铡成2～3厘米小段，每100千克干秸秆用1.5％氢氧化钠溶液6千克进行均匀喷洒，使之湿润，24小时后，再用清水冲洗几遍，将余碱除去。饲喂时应将碱化秸秆与其他饲料混合饲喂，一般占日粮的20％～40％适宜。

②**石灰处理**　用3千克生石灰或4千克熟石灰，1～1.5千克食盐，加水200～250升制成溶液，用制成的溶液浸泡100千克切碎的秸秆5～10分钟，然后捞出压实，放置2～4小时。再浇一遍上述石灰水，放置24～36小时后饲喂。这种处理不仅可提高消

化率,还可以补充钙质,但调制好的秸秆必须补充磷。

③氨化处理 在秸秆中加入一定量的氨水、无水氨、尿素等溶液进行处理,以提高秸秆的消化率和营养价值。经氨化处理的粗饲料除提高饲料消化率外,还能使含氮量增加0.8%~1%,使粗蛋白质含量增加5%~6%。

窖贮法:建造土窖或水泥窖,深度一般不超过2米,大小可根据贮量的多少而定,窖的形状长、方、圆形均可,窖应四壁光滑,底微凹(蓄积氨水)。如为土窖,先在窖内铺一块塑料薄膜,然后将切断的秸秆填入窖中,装满后注入一定量氨水或尿素水溶液,然后将塑料薄膜四周折叠、密封,压土封严。

缸贮法与袋贮法:将尿素水溶液(用量与窖贮法同)均匀喷洒在麦秸或铡短的玉米秸上,然后装缸或装于塑料袋中,封严即可。

充氨:按秸秆重的3%~3.5%冲入液氨,或按秸秆重的10%~12%注入20%氨水;用尿素作氨源,每100千克用尿素3~4千克,加水30升。

氨化处理时间:环境温度30℃以上,7天;15℃~30℃,7~28天;5℃~15℃,28~56天;5℃以下,56天以上。

饲喂方法:喂前必须将氨味完全放掉,否则易发生氨中毒。饲喂量应由少到多,使羊逐渐适应,并与其他饲料搭配使用。

(3)生物学处理法 在农作物秸秆中,加入高效活性菌(秸秆发酵活杆菌)贮藏,经一定的发酵过程使农作物秸秆变成具有酸、香味的饲料。其原理是秸秆在微贮过程中,在适宜的温度和厌氧条件下,由于秸秆发酵菌的作用,秸秆中的半纤维素-糖链和木质素聚合物的酯键被酶解,增加了秸秆的柔软性和膨胀度,使羊瘤胃微生物能直接与纤维素接触,从而提高了粗纤维的消化率。在发酵过程中,部分木质纤维素类物质转化为糖类,进而被有机酸发酵菌转化为乳酸和挥发性脂肪酸,使pH值降到4.5~5.0,抑制了丁酸菌、腐败菌等有害菌的繁殖,使秸秆能够长期保存不坏。

微贮秸秆具有成本低、效益高等优点,同等条件下饲喂肉羊的效果优于氨化秸秆,而且解决了畜牧业与种植业争化肥的矛盾。秸秆微贮饲料可随取随喂,不需晾晒,无毒无害,安全可靠,可长期饲喂。秸秆微贮饲料的制作除需进行菌种的复活和菌液配制外,其他步骤与氨化秸秆制作方法基本相同。

(四)有条件的羊场可以自配精饲料

日粮配合的方法分计算机法和手工计算法两种。

1. 计算机法　目前,利用计算机软件配合日粮是最先进的方法。将羊的体重、日增重、饲料种类、营养成分、原料价格等输入计算机,计算机软件会自动将日粮配合计算好,并打印出来。

配方软件主要包括原料数据库、营养标准数据库管理系统和优化计算配方系统,而且多数软件都包括全价混合料、浓缩料和预混料的配方设计。目前,常见的国外饲料软件有美国的 Brill 软件、Mixit 软件以及英国的 Fromat 软件等,国产配方软件有资源配方师软件-Refs 系列配方软件、资源管理师 Refs 软件、CMIX 配方软件、三新智能配方系统、SF-450/科群饲料配方软件、高农饲料 4.2 配方软件、农博士饲料配方软件(PFStool)、饲料通 MAF-IC-soft 等。

熟练掌握计算机应用技术的人员,除购买现成的饲料配方软件外,还可通过 Excel、SAS 软件等进行配方设计,是一种非常经济实用的方法。

2. 手工计算法　日粮配合的计算方法有交叉法、线性代数法和试差法等。通常采用试差法进行日粮配合。小规模养羊或农户养羊因饲料不是很固定,可用试差法进行手工计算。计算步骤:

(1)查羊的饲养标准,确定营养需要量　主要包括能量、蛋白质、矿物质、维生素等的需要数量。

（2）选择饲料，查出其营养成分和营养价值　有条件的地方，最好使用实测的原料养分含量值，这样可减少误差。

（3）确定粗饲料的投喂量　粗饲料是肉羊生产的主体，配合日粮时应根据当地的粗饲料资源情况，如种类、品质、价格等。一般成年羊的粗饲料采食量占体重的 $1.5\%\sim2.0\%$，或占总干物质采食量的 $60\%\sim70\%$，全价颗粒饲料精料粗料比以 50：50 为好；生长羔羊颗粒饲料精料粗料比例可增加到 85：15，粗饲料中最好的是青绿饲料或玉米青贮。实际计算时，可按 3 千克青绿饲料或青贮相当于 1 千克青干草或干秸秆折算。先计算由粗饲料提供的营养量。

（4）计算精料补充料的配方　粗饲料不能满足的营养成分由精料补充。在日粮配方中，蛋白质和矿物质，特别是微量元素最不容易得到满足，设计精料配方时，先根据经验草拟一个配方，再用试差法、十字交叉法或联立方程法对不足或过剩的养分进行调整。调整的原则是：蛋白质水平偏低或偏高，可适当增加或减少豆饼、棉籽饼等蛋白质饲料的用量；能量水平偏低或偏高，可增加或减少玉米、高粱等能量饲料的用量。

（5）检查、调整与验证　完成上述步骤后，将所有饲料提供的养分进行总和，如果实际提供的营养含量与其需要量相比，差异在 $95\%\sim105\%$，说明配方合理。

3. 配合日粮应满足的标准　全舍饲时，干物质（DM）采食量代表羊的最大采食能力，配合日粮的干物质不应超过需要量的 3%。

所有养分含量不能低于营养需要量的 5%。

能量的供给量应控制在需要量的 $100\%\sim105\%$。

蛋白质饲料价格比较低时，提供比需要量高出 $5\%\sim10\%$ 的蛋白质可能有益于肉羊生产，更多一些的蛋白质通常对有机体无害，但会引起饲料成本提高，蛋白质比需要量多 25% 时对羊生长发育不利。

实践中有时钙、磷过量,不要滥用矿物质饲料,且保证钙磷比例在 1～2∶1。

必须重视羔羊、妊娠母羊、哺乳母羊和种公羊的胡萝卜素的供应,特别是繁殖季节时的繁殖母羊和种公羊。一般情况下,胡萝卜素过量对机体无害。

羔羊和育肥羊的微量元素必须满足,一般是通过无机盐来补充,应按照饲养标准和有关试验结果确定适宜的补充量。

4. 肉羊典型日粮配制示例 假设有一批体重在 30 千克左右的育肥羊,计划日增重是 295 克,采用现有野干草、中等品质的苜蓿干草、黄玉米和棉籽饼 4 种饲料,配制育肥日粮。

(1)参照有关饲养标准 本例采用美国 NRC 羔羊肥育饲养标准。查阅羔羊营养需要量,同时从有关饲料营养成分表上查阅上述 4 种饲料的营养成分含量,列出对比表(表 4-3)。

表 4-3 4 种饲料的营养成分

	干物质(%)	消化能(兆焦)	粗蛋白质(%)	钙(%)	磷(%)
羔羊需要量	1.3 千克	17.138	191 克	6.6	3.2
野干草	92.21%	7.942	11.20%	0.98	0.41
苜蓿干草	92.45%	10.032	12.30%	1.67	0.52
玉 米	80.0%	13.794	6.95%	0.05	0.36
棉籽饼	95.26%	17.974	42.10%	0.39	1.01

(2)计算粗饲料提供的能量 设野干草和苜蓿干草的重量比为 1∶5,则混合干草的消化能为(7.942+10.032×5)÷6=9.684 兆焦/千克干物质。同样可以计算出粗蛋白质为 12.11%,钙为 1.55%,磷为 0.50%。羔羊粗饲料干物质中能量含量为 1.3 千克×9.684=12.589 兆焦/千克。与羔羊能量需要量 17.138 兆焦

相差 4.549 兆焦。

（3）计算能量不足部分需要补加的精料用量　羔羊日粮干物质为 1.3 千克，精料和粗料之和不能超过此值。玉米能量 13.794 兆焦－干草能量 9.684 兆焦＝4.110 兆焦；能量缺额 4.549 兆焦÷4.110 兆焦＝1.11 千克，此为玉米需要量；1.3 千克－1.11 千克＝0.19 千克，此为干草用量。

（4）计算粗蛋白质的余缺量　0.19 千克的干草干物质能提供的粗蛋白质为 0.19×12.11％＝0.023 千克；1.11 千克玉米干物质能提供的粗蛋白质为 1.11 千克×6.95％＝0.077 千克，二者合计为 0.100 2 千克，与羔羊需要量 0.191 千克相差 0.090 8 千克。

（5）蛋白质不足部分需要补加的棉籽饼用量　棉籽饼提供粗蛋白质量为 42.10％－6.95％（玉米粗蛋白质量）＝35.15％；粗蛋白质缺额 0.090 8 千克÷35.15％＝0.26 千克，即棉籽饼用量。精料干物质，玉米加棉籽饼为 1.11 千克，1.11 千克－0.26 千克＝0.85 千克，为玉米干物质现在已知日粮中应含 0.19 千克的干草干物质、0.85 千克的玉米干物质、0.26 千克的棉籽饼干物质。

（6）计算钙、磷的余缺量　三种饲料可提供的钙分别为：0.19 千克×1.55％＋0.8 千克×0.05％＋0.25 千克×0.39％＝4.4 克。与羔羊需要量 6.6 克相差 2.2 克，3 种饲料可提供的磷为：0.25 千克×0.5％＋0.8 千克×0.36％＋0.25 千克×1.01％＝6.6 克。比羔羊需要量 3.2 克多出 3.5 克。钙不足部分补加石灰石。已知石灰石含钙 34％，钙缺额 2.2 克÷34％＝6.5 克为石灰石用量。

（7）饲料干物质换算为实际用的风干饲料量

干　草　　0.19 千克÷92.41％＝0.21 千克

玉　米　　0.85 千克÷80.0％＝1.06 千克

棉籽饼　　0.26 千克÷95.26％＝0.27 千克

石灰石　　6.5 克÷100％＝6.5 克

根据以上计算结果得出,30千克体重的羊强度育肥时,日增重295克的日粮组成:干草(野干草和苜蓿干草1:5混合)0.19千克、玉米1.06千克、棉籽饼0.27千克和6.5克石灰石。

五、做好饲草储备保障日粮供应

饲草储备是肉羊生产中非常重要的基础工作,就如同行军打仗一样,粮草先行。无论是新建羊场还是老羊场,在合适的时候都要储备饲草,如场地允许,最好做出1周年的储备。粗饲料一般是在作物收获之后,南方一些地方是一年多季,在北方一般在11月份进入气候学上所指的冬季,其实在10月中下旬地里的草和植被已经枯黄,因此在饲草储备方面,要早做好越冬准备。

(一)根据羊场规模制定饲草储备计划

1. 粗饲料储备 应在秋季从附近收购一些花生秧、红薯蔓、玉米秸等农作物秸秆,购买苜蓿、花生秧等或混合草粉,每只羊每天按1千克粗饲料计算进行储备。在做饲草储备计划时,需要事前对羊周转做出大致估计,预计冬季成年羊和育肥羊的饲养量,因为这两类羊粗饲料需要量所占比重较大。每只成年羊每天饲喂量按2千克计算,根据羊场规模就可以计算出1周年所需要的干草重量。另外,粗饲料储备场所要考虑远离火源,可以搭建简易草棚,能够遮风挡雨即可,不需要昂贵设施,以减少投入。

2. 青绿多汁饲料储备 青绿多汁饲料主要是指青贮饲料,在繁殖配种季节还可以给基础母羊和公羊饲喂胡萝卜,每天按0.5~1千克的量饲喂。青贮饲料对于规模化种羊场十分重要,特别在冬季,青贮饲料在日粮中占有很大比重,青贮饲料的主要作用是使羊有饱感;另外,是冬季肉羊能够吃到的比较好的多汁饲料,仅靠干草很难满足需要。青贮玉米秸秆按每只成年基础母羊每天采食 3 千克计算储备量。有条件的羊场可利用自有土地或流转土地种植青贮玉米或牧草,根据饲养规模确定种植面积,做到种植与养殖紧密结合,农牧一体循环生产。图 4-5 和图 4-6 分别为联合收割机收割粉碎全株玉米和全株玉米秸秆装入青贮窖。

图 4-5　联合收割机收割　　　图 4-6　粉碎的全株玉米
粉碎青贮玉米　　　　　　　秸秆装入青贮窖

3. 精饲料的储备　精饲料的供应并不像粗饲料那样具有季节性,但对于规模化羊场还是要储备一些,由于冬季缺乏青绿饲料,羊从粗饲料中获取的营养减少,需要由精饲料补充,精饲料的需要量要稍大一些。无论是自配精料还是购买浓缩料,都要储备一些玉米,玉米是用量最大的饲料原料,特别是在冬季,遇上风雪天气或者接近春节时,随时购买有时可能做不到,规模羊场更要做好准备。精饲料的储备主要是指用量大的能量饲料玉米和饼粕类饲料,基础母羊平均需要玉米大约 300 克/只·日,根据季节和市场行情变化以及库存容量可以适时储备玉米和蛋白质饲料。

(二)遵循饲料多样化原则,广开饲料资源

只有开辟非常规饲料资源才能减少成本,提高饲料利用率,为羊提供多样化的饲料原料,实现均衡营养的目的。在优质牧草缺乏的情况下,可以利用一些农副产品以及下脚料作为羊的饲料,如树叶、糟渣类、蘑菇根以及非蛋白氮等能够提供营养、不会产生毒性的非常规饲料资源。在进入初冬时节,收集一些乔木树叶、灌木树枝、果树叶等。就近收集一些农副产品下脚料可以与常规牧草搭配饲喂,既可以节约成本又可以使粗饲料营养互补。

冬季气候寒冷,羊的营养需要加大,在温暖季节的基础上需要有一部分营养用来御寒,特别是毛用羊,如果营养跟不上,产毛、绒量就会减少。如遇寒冷冬季,提高日粮能量浓度,保证御寒需要。舍饲羊冬季饲草饲料喂量可在秋季喂量的基础上增加 $10\% \sim 15\%$。另外,对各种羊都要注意补充微量元素及钙质,育肥羊要额外添加占日粮 1% 的食盐。

六、全混合日粮技术在舍饲肉羊中的应用

全混合日粮(Total Mixed Rations,TMR)是根据反刍动物不同生理阶段营养需要,用特制的搅拌机把揉碎的粗料、精料和各种添加剂进行充分混合而得到营养平衡的全价日粮。近年来,全混合日粮以其独具的优势,受到了国内饲养场的青睐,取得了较好的经济效益。

(一)全混合日粮的优点

1. 营养均衡,提高了配方的科学性和安全性　TMR 技术综合考虑了肉羊不同生理阶段对纤维素、蛋白质和能量的需要,在性能优良的 TMR 机械充分混合的情况下,完全可以排除羊对某一特殊饲料的选择性(挑食),精确调控日粮营养水平,提高投喂精确度,而且混合均匀,减少了偶然发生的微量元素、维生素的缺乏或中毒现象。

2. 增加采食量，提高肉羊生产性能　TMR 技术将粗饲料切短再与精饲料及其他添加物均匀混合，使物料在物理空间上产生了互补作用，可增加日粮干物质采食量，有效缓解营养负平衡时期的营养供给。而且整个日粮较为平衡，有利于发挥肉羊的生产潜能。

3. 提高饲料利用率，减少疾病发生　TMR 技术使肉羊每采食一口日粮都是营养均衡、精粗饲料比例适宜的配合日粮，能维持瘤胃微生物的数量及瘤胃内环境的相对稳定，提高微生物的活性，使发酵、消化、吸收和代谢正常进行，因而有利于提高饲料利用率，减少消化道疾病、食欲不振及营养应激等的发生。

4. 充分利用当地饲料资源，节省饲料成本　TMR 技术是将精料、粗料充分混合的全价日粮，可以根据当地的饲料资源调整饲料配方。TMR 日粮的充分调制还能够掩盖饲料中适口性较差但价格低廉的工业副产品或添加剂的不良影响，使原料的选择更具灵活性，可充分利用廉价饲料资源，节约饲料成本。

5. 节省劳动力，提高工作效率和经济效益　使用 TMR 技术，饲养员不需要将精料、粗料和其他饲料分别发放，饲喂管理省工省时。一个饲养员可以饲养 1 000 头左右的育肥羊，使集约化饲养的管理更轻松，大大提高劳动生产率，同时还能减少饲喂过程中的饲草浪费，降低管理成本，提高肉羊养殖的生产水平和经济效益。

(二)全混合日粮饲养技术要点

1. 饲料原料与日粮的检测　由于产地、收割季节以及加工调制方法的不同，同种原料的干物质含量和营养成分都有较大差别，故 TMR 原料应每周或每批次化验 1 次。此外，原料水分是决定 TMR 饲喂成败的重要因素。一般 TMR 水分含量以 35％～

45%为宜,过干或过湿均会影响羊对干物质的采食量。

2. 饲料配方的选择 根据肉羊的生长发育、生理阶段、体况、饲料资源的特点等合理制作日粮配方。考虑各羊群的大小,每个羊群可以有各自的 TMR,或制成基础 TMR+精料(草料)的方式来满足不同羊群的需要。

3. 搅拌机的选择 生产当中,应根据羊群大小、干物质采食量、日粮种类、每天饲喂次数以及混合机充满度以及羊场的建筑结构、喂料道的宽窄、羊舍高度和入口等确定搅拌机的容积;同时,还要注意搅拌机的耗能、售后维修及使用寿命等(图 4-7)。

图 4-7 TMR 日粮混合机

4. TMR 搅拌注意事项

(1)准确称量,准确投料 每批原料投放应记录清楚,并进行审核,每批原料添加量不少于 20 千克。

(2)搅拌时间 时间太短,原料混合不均匀;时间过长,TMR太细,有效纤维不足。一般在最后一批原料增加完后,再搅拌 4~6 分钟。日粮中粗饲料长度在 15 厘米以下时,时间可以短一些。

(3)搅拌细度 用颗粒振动筛测定。顶层筛上物重应占样品重的 6%~10%,且筛上物不能为长粗草秆或玉米秆。

(4)填料顺序 一般立式混合机是先粗后细,按干草、青贮、糟渣类和精饲料顺序加入。

5. 分群分阶段饲养 依据羊的体重、年龄和具体的生理状况,把营养需要相似的分为一群。在既定的组群内,按照不同的生理阶段进行划分,配以相应的全价日粮,每一日粮的更换都要有适当的过渡期,避免突然换料;而且两阶段日粮之间的营养浓度相差不宜过大。

6. 科学管理 高水平饲养管理是羊群发挥其最佳生产潜力的必备条件,全价混合日粮能否发挥其优良的饲喂效果,还取决于综合饲养管理水平。每天要定时、定量投料,不要使羊吃不饱,也不要饲喂过多造成浪费。经常观察饲养效果,通过观察羊的采食量、膘情和精神状态等,及时调整日粮配方和饲喂工艺,提高饲养效果。搞好防疫,保持卫生,保证充足清洁饮水。

使用 TMR 饲养技术可能会增加饲养的一次性成本投入,但从长远考虑,TMR 饲喂舍饲肉羊可获得最佳经济效益。TMR 饲喂技术已在我国一些地区开始应用,还需在生产过程中对饲养的各个环节的关键技术和深层经济效益做进一步试验和论证。

使用全混合日粮技术需要混合日粮设备,称为 TMR 机器,市场上一般在几万到十几万不等。从投入产出经济效益角度考虑,对于农户饲养不建议采用 TMR 日粮,对于稍具规模的羊场可以采用这项技术,将减少饲喂次数和人工费用,不同规模和财力投入羊场需要根据自身条件考虑是否采用 TMR 日粮。

第五章　加强饲养管理提高基础羊群质量

阅读提示：饲养管理贯穿肉羊生产的整个过程，处处都需要饲养管理，饲养管理既需要有理论又需要有经验技能，同时还需要计划管理。本章主要从饲养管理角度介绍和强调一些技能和理念，目的是根据生产特点和提供产品的不同，使读者对肉羊阶段化饲养管理有一个更清晰的了解，针对不同用途的羊采取针对性的饲养管理，降低成本，增加产出，提高效益。

羊与猪或其他单胃动物相比，最主要的区别是具有一个较大的瘤胃，寄生着大量的厌氧性微生物，就像一个高效且连续接种的活体发酵罐。对粗纤维具有较强的消化能力，并且可以利用饲料中的含氮物质合成细菌蛋白，在发酵过程中还能合成 B 族维生素和维生素 K。根据羊的生理特点，肉羊的饲料要求原则是粗饲料为主、精饲料为辅。根据生长发育（羔羊、青年羊、成年羊）和生殖生理特点（发情、配种、受精、妊娠、分娩、哺乳、空怀），在生产上，可分为羔羊，青年羊，母羊空怀期、妊娠期、哺乳期等几个阶段（图 5-1）。

一、膘情是反映羊群健康和饲养 管理水平的重要指标

膘情是指羊的肥瘦程度，是反映羊群健康和饲养管理水平的重要指标，关乎羊群健康状况、生产性能。日粮浓度不够或者饲养管理跟不上会导致羊的膘情差，体质弱，很容易发病；膘情过肥

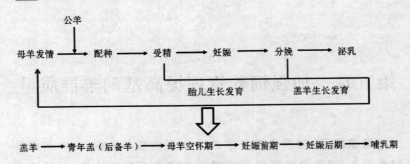

图 5-1　羊的生理特点及生产流程

也会引起繁殖障碍,同时会造成饲料浪费,增加饲养成本。图 5-2
为 5 种绵羊膘情示意图,A 为瘦弱,B 为偏瘦,C 为中等,D 为偏
肥,E 为肥胖。繁殖母羊以 C 为适宜。

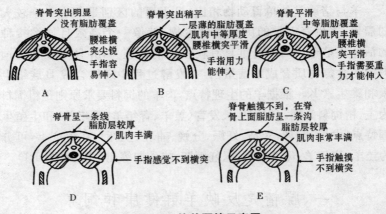

图 5-2　绵羊膘情示意图

二、种公羊的饲养管理

俗话说:"公羊好,好一坡;母羊好,好一窝"。种公羊对于种

羊场也非常重要,种公羊管理的优劣不仅关系到配种受胎率的高低、繁殖成绩的好坏,更重要的是影响羊的选育质量、羊群数量的发展和生产性能与经济效益的提高。因此在种公羊饲养管理中应做到合理饲喂,科学管理,使种公羊拥有健壮的体质、充沛的精力和高品质的精液,充分发挥其种用价值。一般在没有人工授精的羊场,公母比例为1:30,所以公羊承担着全场的配种任务,公羊的质量也直接影响全场羔羊的产出质量。由于公羊饲养数量远远小于母羊,血统问题非常重要,不能近亲配种,因此产羔记录和配种记录必须详细准确,否则就很容易造成血统系谱错乱,导致近亲繁殖,出现一些畸形、发育不良的羔羊,影响经济效益。每次配种前,通过查询配种记录,避免发情母羊使用同胞公羊、半同胞公羊、父亲及祖父公羊配种。

(一)种公羊的选择

对种用公羊要求相对较高,在留种或引种时必须进行严格挑选。通常从以下四个方面进行选择。

①体型外貌必须符合品种特征,发育良好,结构匀称,颈粗大,鬐甲高,胸宽深,肋开张,背腰平直,腹紧凑不下垂,体躯较长,四肢粗大端正,被毛短而粗亮。

②查找系谱档案,所选种公羊年龄不宜过大,应在3岁以下,最好来源于双羔羊或多羔羊个体。

③生殖器官发育良好,单睾、隐睾一律不能留种,睾丸大而对称,以手触摸富有弹性,不坚硬,生成的精液量多、品质好。

④雄性特征明显,精力充沛,敏捷活泼,性欲旺盛,符合本品种种用等级标准,即特级、一级,低于一级不可留种。

(二)合理饲喂

羊的繁殖季节主要为春、秋两季发情,部分母羊可全年发情配种。因此,种公羊的饲养尤为重要。种公羊的饲料要求营养价值高,含足量蛋白质、维生素和矿物质,且易消化,适口性好。生产中应根据实际情况适当调整日粮组成,满足种公羊在不同阶段对饲料的需求。种公羊的饲养管理分为配种期和非配种期。

1. 非配种期 我国大部分绵羊品种的繁殖季节很明显,大多集中在9~12月份,非配种期较长。冬季,既要有利于种公羊的体况恢复,又要保证其安全越冬度春。精粗饲料应合理搭配,喂适量青绿多汁饲料或青贮料。对舍饲70~90千克的种公羊,每日每只喂给混合精料0.5~0.6千克,优质干草2~2.5千克,多汁饲料1~1.5千克。

2. 配种预备期 配种预备期指配种前1~1.5个月,逐渐调整种公羊的日粮,将混合精饲料增加到配种期的喂量。

3. 配种期 种公羊在配种期内要消耗大量的营养和体力,为使种公羊拥有健壮的体质、充沛的精力、良好的精液品质,必须精心饲养,满足其营养需求。一般对于体重在70~90千克的种公羊,每日每只饲喂混合精饲料1.0~1.2千克、苜蓿干草或优质干草2千克、胡萝卜0.5~1.5千克、食盐15~20克,必要时可补给一些动物性蛋白质饲料,如羊奶、鸡蛋等,以弥补配种时期大量的营养消耗。

(三)科学管理

1. 环境卫生 一般种公羊的圈舍要适当大一些,每只种公羊占地1.5~2米²。运动场面积不小于种公羊舍面积的2倍,以保证公羊充足的运动。圈舍地面坚实、干燥,舍内保持阳光充足,空气流通。冬季圈舍要防寒保温,以减少饲料的消耗和疾病的发生;夏季高温时防暑降温,避免影响公羊食欲、性欲及精液质量。为防止疾病发生,定期做好圈舍内外的消毒工作。

2. 加强运动　运动有利于促进食欲,增强公羊体质,提高性欲和精子活力,但过度的运动也会影响公羊配种。一般运动强度在 30~60 分钟为宜,每天早晨或下午运动 1 次,休息 1 小时后参加配种。

3. 定期检测精液品质　精液品质的好坏决定种公羊的利用价值和配种能力,对母羊受胎率影响极大。配种季节,无论本交还是人工授精,都应提前检测公羊的精液质量,确保配种工作的成功。通常对精液的射精量、颜色、气味、pH 值、精子密度和活力等项目进行检测。

4. 疫病防治

(1)免疫接种　为防止传染病的发生,必须严格执行免疫计划,保质保量地完成羊三联苗(羊快疫、猝狙、肠毒血症)、口蹄疫、羊痘、羊口疮及布鲁氏菌病、传染性胸膜肺炎等疫苗的接种工作。

(2)定期检测布鲁氏菌病　疫区每年检测 1 次,非疫区可 2 年检测 1 次。

(3)定期驱虫　一般春秋两季进行,严重时可 3 个月驱虫 1 次。驱除体内寄生虫可注射阿维菌素,口服左旋咪唑、丙硫咪唑、虫克星等,驱除体外寄生虫可用敌百虫片按比例兑温水洗浴羊身,或用柏松杀虫粉、虱蚤杀无敌粉灭虫。

5. 单独饲养　对种公羊的管理应保持常年相对稳定,最好有专人负责。单独组群,避免公、母混养,避免造成盲目交配,影响公羊性欲。

6. 精心护理　经常对种公羊进行刷拭,最好每天 1 次。定期修蹄,一般每季度 1 次。耐心调教,和蔼待羊,驯养为主,防止恶癖。

(四)及时调教

1. 调教要求　种公羊一般在 10 月龄开始调教,体重达到 60 千克以上时应及时训练配种能力。调教时地面要平坦,不能太粗糙或太光滑。不可长时间训练,一般调教1小时左右为宜,第二天再进行调教。

2. 调教训练

(1)刺激训练　给种公羊戴上试情布放在母羊群中,令其寻找发情母羊,以刺激和激发其产生性欲。

(2)观摩训练　让种公羊观摩其他公羊配种。

(3)本交训练　调教前应增加运动量以提高其体质的运动能力和肺活量。调教时,让其接触发情稳定的母羊,最好选择比其体重小的母羊进行训练,不可让其与母羊进行咬架。第一次配种完成时应让其休息。

(4)采精训练　将与其体格匹配的发情母羊作为台羊,当公羊爬跨时,配种员迅速将公羊阴茎导入假阴道内,注意假阴道的倾斜度,应与公羊阴茎伸出的方向一致。整个采精过程要保持安静,以利于公羊在放松的情况下进入工作状态。

(五)合理使用

种公羊配种采精要适度,通常情况下,自然交配每头公羊可负担20～30只母羊,辅助交配可负担50～100只母羊,人工授精可负担150～200只母羊。本地品种一般在8～10月龄、体重达到35～40千克时,开始配种使用。国外品种相对晚些,最好在10～12月龄、体重达55～65千克时使用。小于1岁应以每周2次为佳,1～2岁青年公羊可隔日1次,2～5岁的壮年公羊每周可配种4～6次,连续配种4～5天后休息1天。采精一般在配种季节来临前1～1.5个月开始训练,每周采精1次,以后增加到每周2次,到配种时每天可采1～2次,不要连续采精。即使任务繁重,国外品种公羊每天配种或采精次数也不应超过3次,本地品种不超过4次。为防止种公羊使用过度,第一次和第二次配种或采精须间隔 15 分钟,第二次和第三次须间隔 2 小时以上,确保种公羊的精液质量和使用年限。

三、种母羊的饲养管理

母羊承担着繁殖产羔的任务,羊场的主要产出就是羔羊,所以种母羊的管理是整个羊场的重中之重,是决定羊群能否长久发展、品质能否改善和提高的重要因素。母羊生产管理主要包括空怀期管理、配种期管理、妊娠期管理、产羔管理、羊群结构管理等。

母羊空怀期是指产羔后到配种妊娠阶段,空怀期的长短直接影响母羊产羔间隔,产羔间隔直接影响母羊繁殖效率和利用率。必须做到实时监控才能避免产羔间隔过长,对于配种后没有返情的羊要做妊娠诊断,妊娠诊断可以采用 B 超早期诊断,没有 B 超的羊场一般是通过观察母羊膘情和采食、精神状态等判断,一般在配种后 3 个月左右也可以通过人工触摸胎儿来确定妊娠。妊娠 3 个月后即进入妊娠后期,到 4.5 月龄时要将母羊转入产房待产,产羔后 3 个月左右断奶,断奶母羊转入空怀羊舍恢复体况,配种。

(一)空怀期母羊的饲养管理

母羊空怀期的营养状况直接影响着发情、排卵及受胎,加强空怀期母羊的饲养管理,尤其是配种前的饲养管理对提高母羊的繁殖力十分关键。

母羊空怀期因产羔季节不同而不同。羊的配种季节大多集中在每年的 5～6 月份和 9～11 月份。常年发情的品种也存在一定季节性,春季和秋季为发情配种旺季。空怀期的饲养任务是尽快使母羊恢复中等以上体况,以利配种。中等以上体况的母羊情期受胎率可达到 80%～85%,而体况差的只有 65%～75%。因此,在哺乳期应根据母羊体况适当提高日粮营养浓度进行短期优饲,适时对羔羊早期断奶,尽快使母羊恢复体况。

对于没有妊娠和泌乳负担且膘情正常的成年母羊,进行维持饲养即可。通常体重 40 千克的母羊,每日青干草供给量 1.5～2 千克,青贮饲料 0.5 千克。日粮中粗蛋白质含量需求为 130～140 克,不必饲喂精饲料。如粗饲料品质差,每日可补饲 0.2 千克精饲料。母羊体重每增加 10 千克,饲料供给量应增加 15%左右。

配种前 45 天开始给予短期优饲,可以使母羊尽快恢复膘情,尽早发情配种,也有利于母羊多排卵,提高多羔率。配种前 3 周可适当服用维生素 A、维生素 D 和维生素 E。有一部分母羊在哺乳期能够发情,因此应在产羔后 1 个月左右开始试情,同时刺激母羊尽快发情。

另外,空怀母羊的疫苗接种和驱虫工作应安排在配种前 1～2 个月完成,以减少疾病的发生。

总之,在配种前期和配种期,加强空怀期母羊的饲养管理,是提高母羊受胎率和多羔率的有效措施。

(二)妊娠前期母羊的饲养管理

母羊的妊娠期约为 5 个月,妊娠前 3 个月为妊娠前期,胎儿发育缓慢,重量仅占羔羊初生重的 10%,但做好该阶段的饲养管理,对保证胎儿正常生长发育和提高母羊繁殖力起着关键性作用。

母羊在配种 14 天后,开始用试情公羊试情,观察是否返情,初步判断受胎情况;45 天后可用超声波做妊娠诊断,能较准确地判断受胎情况,及时对未受胎羊进行试情补配,提高母羊繁殖率。

母羊妊娠 1 个月左右,受精卵在未附植形成胎盘之前,很容易受外界饲喂条件的影响,如饲喂变质发霉或有毒饲料、驱赶等容易引起胚胎早期死亡；母羊的日粮营养不全面，缺乏蛋白质、维生素和矿物质等，也可能引起受精卵中途停止发育，所以母羊妊娠1个月左右的饲养管理是关键时期。此时胎儿尚小，母羊所需的营养物质虽要求不高，但必须相对全面。在青草季节，一般来说母羊采食幼嫩牧草能达到饱腹即可满足其营养需要，但在秋后、冬季和早春，多数养殖户以青干草和农作物秸秆等粗料饲喂母羊，但由于饲草营养物质的局限性，应根据母羊的营养状况适当补喂精饲料。

（三）妊娠后期母羊的饲养管理

母羊妊娠后2个月为妊娠后期，这个时期胎儿在母体内生长发育迅速，90％的初生重是在这一时期长成的，胎儿的骨骼、肌肉、皮肤和内脏器官生长很快，营养物质要求优质、平衡。母羊妊娠后期营养不足，会导致羔羊初生重小、抵抗力差、成活率低。

妊娠后期，一般母羊体重增加7～8千克，其物质代谢和能量代谢比空怀期高30％～40％。为了满足妊娠后期母羊的生理需要，舍饲母羊应增加营养平衡的精饲料。营养不足，会出现流产，即使产羔，初生羔羊往往发育不健全，生理调节功能差、抵抗能力弱；母羊会造成分娩衰竭、产后缺奶；营养过剩，会造成母羊过肥，容易出现食欲不振使胎儿营养不良。妊娠后期应当注意补饲蛋白质、维生素、矿物质丰富的饲料，如青干草、豆饼、胡萝卜等。临产前3天，要做好接羔准备工作。

舍饲母羊日常活动要以"慢、稳"为主，饲养密度不宜过大，要防拥挤、防跳沟、防惊群、防滑倒，不能吃霉变饲料和冰冻饲料，不饮冰碴儿水，以免引起消化不良、中毒和流产。羊舍要干净卫生，应保持温暖、干燥、通风良好。母羊在预产期前1周左右，可放入待产圈内饲养，适当运动，为生产做准备。

母羊在妊娠后期不宜进行防疫注射。羔羊痢疾严重的羊场，可在产前 14～21 天，接种 1 次羔羊痢疾菌苗或五联苗，提高母羊抗体水平，使新生羔获得足够的母源抗体。

(四)哺乳期母羊的饲养管理

产后母羊经过阵痛和分娩，体力消耗较大，代谢下降，抗病力降低，如护理不好，会影响母羊恢复和哺乳羔羊。

1. 保持羊体和环境卫生　产房注意保暖，温度一般在 5℃以上，严防"贼风"，以防感冒、风湿等疾患。母羊产羔后应立即把胎衣、粪便、分娩污染的垫草及地面等清理干净，更换清洁干软的垫草。用温肥皂水擦洗母羊后躯、尾部、乳房等被污染的部分，再用高锰酸钾消毒液清洗，擦干。经常检查母羊乳房，如发现有奶孔闭塞、乳房发炎、化脓或乳汁过多等情况，要及时采取措施。

2. 产后饮喂温水　母羊产后休息半小时，饮喂 1 份红糖、5 份麸皮、20 份水配比的红糖麸皮水。之后饲喂易消化的优质干草，注意保暖。5 天后逐渐增加精饲料和多汁饲料，15 天后恢复到正常饲养方法。

3. 加强喂养和护理　母羊产后身体虚弱，补喂的饲料要营养价值高、易消化，使母羊尽快恢复健康和有充足的乳汁。对产羔多的母羊加强护理，多喂些优质青干草和精饲料。泌乳盛期一般在产后 30～45 天，母羊体内贮存的各种养分不断减少，体重也有所下降。日粮水平根据泌乳量进行调整，通常每天每只母羊补喂多汁饲料 2 千克、精饲料 600～800 克。泌乳后期要逐渐降低营养水平，控制混合精饲料的喂量。

4. 搞好圈舍卫生　哺乳母羊的圈舍必须经常打扫，以保持清洁干燥，对胎衣、毛团、塑料布、石块、烂草等要及时扫除，以免羔羊舔食引起疫病。

在生产中,有的母羊产羔断奶后1年都没有配种妊娠,这样无疑增加了饲养成本。产后不发情的原因很多,如发情表现不明显或者有生殖障碍疾病,因此需要对断奶母羊实时监控,密切注意产后发情,对没有及时发情的母羊进行检查,采取人为干预措施促使其发情,措施无效可以考虑淘汰;对配种羊要观察前两三个情期是否返情,及时补配。

四、后备羊的饲养管理

对于种羊场和自繁自养场来讲,后备羊是指羔羊从断奶后到配种前准备留作种用的公、母羊。这一阶段生长发育较快,是骨骼和器官充分发育的时期,饲养是否合理对生长发育和体型结构有决定性的作用。如果营养不良,就会显著影响到生长发育,形成个头小、体重轻、四肢高、胸窄、躯干浅的体型。严重者造成被毛稀疏且品质不良、性成熟和体成熟推迟、不能按时配种,甚至失去种用价值。可以说育成羊是羊群的未来,其培育质量是整体羊群能否健康可持续发展的关键。

很多农户对育成羊的饲养重视不够,认为其不配种、不怀羔、不泌乳、没负担,常常造成程度不同的发育受阻。

(一)育成羊的生长发育特点

1. 生长发育速度快 育成羊全身各系统均处于旺盛生长发育阶段,体高、体长、胸宽、胸深增长迅速,头、腿、骨骼、肌肉发育也很快,体型发生明显的变化。

2. 瘤胃的发育更为迅速 6月龄的育成羊,瘤胃迅速发育,容积增大,占胃总容积的75%以上,接近成年羊的容积比。

3. 生殖器官发生变化 一般育成母羊6月龄以后即可表现

正常的发情,卵巢出现成熟卵泡,达到性成熟。国内品种育成公羊 8 月龄左右接近体成熟,具有产生正常精子的能力,可以配种。国外品种性成熟、体成熟相对要晚。育成羊开始配种的体重应达到成年母羊体重的 70%。

(二)育成羊的培育

1. 分群饲养　羔羊断奶后,按性别、大小、强弱进行分群,按不同饲养标准制定合理的饲养方案。按月抽测体重,根据增重情况及时调整饲养方案。

2. 育成羊的选择　选择合适的育成羊留作种用是提高羊群质量的重要手段,生产中经常在育成期把品种特性优良、高产、种用价值高的公羊和母羊选出来留作种用,不符合要求的或使用不完的公羊转为商品生产。生产中常根据羊本身的体型外貌、生产成绩,辅以系谱审查和后代测定进行选择。

3. 适时配种　一般育成母羊在满 8～10 月龄,体重达到 40 千克或达到成年体重的 70% 以上时配种。育成母羊不如成年母羊发情明显和规律,所以要加强发情鉴定,以免漏配。8 月龄前的公羊一般不要采精或配种,12 月龄以后再参加配种。

(三)育成羊的饲养管理

1. 供给适当的精料　育成羊饲养注意精料添加量,有优质豆科干草时,日粮中精料的粗蛋白质含量提高到 15% 或 16%,混合精料中的能量水平占总日粮能量的 70% 左右为宜。混合精料日饲喂量 0.4 千克,同时还需要注意矿物质如钙、磷和食盐的补给。

育成期分为育成前期(4～8 月龄)和育成后期(8 月龄至配种)。育成前期精料参考配方:①玉米 68%,花生饼 12%,豆饼 7%,麦麸 10%,磷酸氢钙 1%,添加剂 1%,食盐 1%。②玉米

50％,花生饼 20％,豆饼 15％,麦麸 12％,石粉 1％,添加剂 1％,食盐 1％。育成后期精料参考配方：①玉米 45％,花生饼 25％,葵花饼 12％,麦麸 15％,磷酸氢钙 1％,添加剂 1％,食盐 1％。②玉米 80％,花生饼 8％,麦麸 10％,添加剂 1％,食盐 1％。

2. 合理饲养　饲喂方式、饲料类型对育成羊的体型和生长发育影响很大,不同性别、不同阶段或不同饲喂方式有着不同的饲养特点。为促进消化器官的充分发育,培育出体格高大、乳房发育明显、产奶多的育成羊,应做好以下工作。

育成公、母羊对培育条件的要求和反应不同,公羊一般生长发育较快,异化作用较强,对高水平营养有良好反应,而饲养不良则发育不如母羊。所以,在整个育成期,公羊的饲料定额比母羊多些。

育成前期,羔羊刚断奶,生长发育快,瘤胃容积有限且功能不完善,对粗饲料的利用能力较差。因此,这个时期羊的日粮应以精料为主,并饲喂优质干草和青绿多汁饲料,日粮粗纤维含量不超过 15％～20％。育成后期,羊的瘤胃功能基本完善,可以采食大量的牧草和青贮、微贮秸秆。若有品质优良的豆科干草,其日粮中精料的粗蛋白质以 12％～13％为宜。若干草品质一般,可将粗蛋白质的含量提高 16％,混合精料中能量以不低于整个日粮能量的 70％～75％为宜。

3. 加强运动　精料过多而运动不足,容易肥胖,早熟早衰,缩短利用年限。充足的阳光和运动,可使羊胸部宽广,心肺发达,体质强壮,减少疾病。

4. 疾病预防　严格按照免疫程序做好三联四防、口蹄疫等疫苗的接种和春秋季的驱虫工作,保障育成羊的健康成长。

后备羊的留种对于更新羊群至关重要,留种是个不断选择的过程,从出生、断奶、青年羊培育等几个阶段都要不断选择,主要从体型外貌、系谱血统和同胞生产记录等方面选择。母羊体型要匀称,生殖器官正常,后躯宽大;公羊体格强健、高大,性欲旺盛;母羊要看其母亲繁殖记录,选留那些多胎的母羊,并考虑其发情规律、配种率、产羔数、产活羔数,有无繁殖疾病史等,另外还要看其同胞繁殖性能;公羊注意与已用公羊血统要分开,不要选留与已经参加配种的公羊近亲的公羊,公羊血统越远越好。

五、肉羊的日常管理

(一)个体管理

1. 羊的驾驭

(1)捉羊 捉羊的方法不当会将羊的毛揪掉或造成损伤,捉羊要先悄悄地走到羊的后面,用一只手迅速抓住羊的肷窝或后腿飞节上部,抓其他部位都会对羊造成伤害。抓羊不要惊群,如羊群惊跑,可先把羊群轰赶到一个角落里,趁羊群密集拥挤时,迅速抓住目标羊。在做免疫接种时,可利用围栏将羊群围到角落,逐只抓出。

(2)导羊前进 在生产中,往往对羊需要有短距离的移动,这就需要导羊,导羊的方法有两种,一种是用一只手托住羊的颈下部,以便左右其方向,另一只手轻轻骚动尾根,羊即能自动前进;另一种方法是人站在羊左侧,右手抓住羊的右后肢高举,使羊后躯不着地并用力向前推,左手扶住颈上部掌握方向,这样羊无力反抗也就自动前进。不要抓羊角或羊头向前硬拉,更不要抓住羊的耳朵向前拉。

(3)保定羊 有许多工作需要将羊保定,如果方法不当会造成损伤,而且羊挣扎,不利于工作进行,保定羊的一种方法是把羊捉住后,用两腿夹住羊的颈部,并用双膝盖紧紧顶住被保定羊的肩部；另一种方法是人站在羊的左侧，以左手挟住羊的颌下，右手把住臀部，使羊靠住保定人的腿部。

（4）倒羊　站在羊的左侧，左手由颈下深入右边，挟住颈上部，右手由腹下部伸入握住对侧右后肢下部，用力向前内侧拉，同时左手高擎羊颈向后侧压，使羊自动坐下而卧倒。倒羊的方法较多，无论用何种方法都要以保证羊的安全为原则。

（5）抱羊　抱小羊时先用左手由两前腿中间伸进托住羔羊胸部及外肋部，右手先抓住右侧后腿飞节，把羔羊抱起时再用胳膊由后外侧把羊搂紧，这样抱起来既有力，羊又不乱动。

2. 剪毛　绵羊每年可剪毛 1～2 次，育肥期之前进行剪毛，剪毛有助于加快体脂沉积，提高育肥效率。剪毛方法有手工剪毛和机械剪毛两种，手工剪毛是用一种特制剪毛剪人工剪毛，劳动强度大，每人每天剪 20～30 只羊；机械剪毛是用一种专用的剪毛机进行剪毛，速度快、质量好、效率高。

3. 修蹄　羊蹄若长期不修，不仅影响羊行走，还会引起蹄病，严重时会造成羊行走异常、采食困难、产奶量下降。修蹄一般应在雨后进行，这时蹄质变软，容易修理。修蹄时，要细心操作，动作要准确、有力，一次不可削得太多，要一层一层地往下切削，不可一次切削过深，一般修到能看到淡红色的微血管时为止，再削就会出血。若有轻微出血可涂以碘酊，若出血较多，可将烙铁烧红后烙出血部位。用烙铁止血时动作要快，不然就会烫伤羊蹄。修理好的羊蹄，底部要求平整，形状要求方圆。已经变形的蹄子需要经过几次修理才能矫正。舍饲的羊一般每半年修蹄 1 次。

（二）群体管理

1. 药浴　药浴的目的是预防和治疗羊体外寄生虫病，如疥癣、羊虱等，根据方式不同分为池浴、淋浴和盆浴。池浴和淋浴在羊较多的地区比较普遍,盆浴多在羊数量较少的情况下使用。

(1)池浴　药浴时一人负责推引羊只入池,另一人手持药叉负责在池边照护,如有背部、头部没有浸透的羊将其压入水中浸湿;如有拥挤现象时,防止药液呛入气管。羊进入药浴池内2～3分钟后即可出池,然后在池边停留5分钟再回圈。

(2)淋浴　淋浴是在池浴的基础上进一步改进后形成的药浴方法,优点是浴量大、速度快、节省劳力、安全、药浴质量高,目前大部分地区都采用此方法。淋浴前应先清洗好淋场进行试淋浴,待机械运转正常后,按规定配制药液,淋浴时先将羊群赶入淋场,开动水泵进行喷淋,待2～3分钟羊全身湿透后关闭水泵,将羊群赶入滤液栏中,3～5分钟后送回圈内。

(3)盆浴　盆浴是在适当的盆或缸中配好药液,人工方法逐个洗浴。这种方法只针对数量少的小羊,不适合大群羊只的药浴。

药浴应选在晴朗、无风、暖和的天气,接近中午时进行,有利于药浴后羊毛很快干燥,在药浴前8小时停止饲喂,药浴前2～3小时饮足水,以免羊药浴时误饮药液,引起中毒。在大群药浴前,先用不太好的羊试浴,确定无中毒现象后再大群药浴,先洗浴健康羊,后洗浴病羊,药液应浸满全身,尤其是头部。药浴后的药液不要随意倾倒,防治误饮中毒,应深埋地下。

2. 羊群周转管理　对于羊群管理要做到有计划的动态管理。对于新建羊场要调整羊群结构,如饲养基础母羊多少,年产羔数多少,年出栏羊多少等;在一个生产周年开始时要对羊群制定周转计划,并在年度统计的基础上进行年度累计统计。羊群月份周转统计报表和年度累计统计报表如表5-1和表5-2所示。

表 5-1　规模羊场全年月份周转统计报表

月份	成年母羊					成年公羊					羔羊（出生至断奶）					青年羊（断奶至6月龄）					后备母羊（6月龄至配种）				后备公羊 6月龄至配种			
	存栏	出生	死亡	转入	出售	存栏	出生	死亡	转入	出售	存栏	出生	死亡	转入	出售	存栏	出生	死亡	转入	出售	存栏	死亡	转入	出售	存栏	死亡	转入	出售
1																												
2																												
3																												
4																												
5																												
6																												
7																												
8																												
9																												
10																												
11																												
12																												

表5-2 规模羊场年度累计周转统计报表

年份	成年母羊						成年公羊						羔羊（出生至断奶）						青年羊（断奶至6月龄）						后备母羊（6月龄至配种）					后备公羊（6月龄至配种）				
	存栏	出生	死亡	转入	出售	出栏	存栏	出生	死亡	转入	出售	出栏	存栏	出生	死亡	转入	出售	出栏	存栏	出生	死亡	转入	出售	出栏	存栏	死亡	转入	出售	出栏	存栏	死亡	转入	出售	出栏
2010																																		
2011																																		
2012																																		
2013																																		
2014																																		
2015																																		
2016																																		
2017																																		
2018																																		
2019																																		
2020																																		

第六章　提高母羊繁殖率和羔羊成活率

阅读提示:繁殖就是生产出质高量多的羔羊。在繁殖技术方面,有一些切实可行、效果稳定的技术,如人工授精、同期发情、诱导发情、诱导多羔、频密产羔体系等,生产者可以操作使用;还有一些繁殖新技术,如超数排卵、胚胎移植、体外受精等,需要专用设备、特定环境条件和操作技能,在特殊需要下可以采用,如种羊场利用胚胎移植进行扩繁,迅速扩繁价格较高的优秀种羊时可以考虑运用。

　　繁殖效率是规模舍饲羊场效益的核心问题,提高产羔数是保证获取最大产出的关键,需要从母羊繁殖和羔羊成活率两个方面来采取措施。胎产羔数、产羔间隔、繁殖季节等是母羊繁殖的重要性状,是影响繁殖效率的关键因素。因此,提高繁殖效率首先要从母羊群体选育采取措施,通过选种和选配提高胎产羔数多、产羔间隔短的母羊比例,此外做好羔羊出生成活率、断奶成活率等。

一、提高母羊产羔率

(一)了解掌握肉羊的繁殖规律及特点

1. 性成熟及适宜的初配年龄　羊生殖器官发育完全,开始出现第二性征,能够产生成熟的生殖细胞(精子或卵子),并且具有繁殖后代的能力,此时称为性成熟。性成熟时间受品种、遗传、营养、气候和个体发育等因素影响,一般肉用绵、山羊公羊的性成熟在 6～10 月龄,母羊在 6～8 月龄。早熟品种在 4～6 月龄达到性成熟,晚熟品种在 8～10 月龄达到性成熟,公羊的性成熟年龄要比母羊稍晚。我国地方品种的绵、山羊在 4 月龄时便出现公羊爬跨、母羊发情等性活动,不过此时的公、母羊性器官还未发育完全,如过早进行交配,对本身和后代的发育都不利,所以羔羊在断奶后要分开饲养,防止早配。一般肉用绵、山羊的初配年龄在 12 月龄左右,早熟品种或饲养条件较好的母羊可以提前配种,如小尾寒羊母羊可以 6～8 月龄配种。

2. 发情与发情周期　发情是母羊的一种性活动现象,发情的内在生理变化是母羊输卵管和子宫做好了受胎的准备,并且在发情持续期间有卵子从卵巢上排出。

(1)正常发情　正常发情是指母羊表现的一种周期性的性活动现象。由于发育成熟的卵巢分泌雌激素,并在少量孕酮的协同作用下,对中枢神经产生刺激,进而引起兴奋。母羊的发情表现为三方面的变化:一是精神变化,二是生殖道变化,三是卵巢变化。

精神变化:母羊发情时,表现为兴奋不安,对外界刺激敏感,常鸣叫,频频排尿,食欲减退,举尾拱背,愿意接受公羊的爬跨,并摆动尾部。泌乳期母羊发情,会产生泌乳量下降,不照顾羔羊的现象。山羊发情表现比绵羊更为明显,一般山羊发情鸣叫,有时发情母羊会自己跳出圈舍,主动寻找公羊。

生殖道变化:母羊在发情周期中,由于雌激素和孕激素的共同作用,母羊的生殖道会发生周期性的变化。处于发情期的母羊的卵泡会迅速增大并发育成熟,雌激素分泌量增多,母羊外阴部松弛、充血、肿胀,阴蒂勃起,阴道充血、松弛,并分泌有助于交配的黏液。发情初期的黏液分泌量少且稀薄透明,发情中期分泌量会增多,发情末期黏液分泌量会减少且稠如胶状。

卵巢变化:母羊发情开始前,卵巢中的卵泡已经开始生长,发情前 2～3 天卵巢的卵泡发育很快,卵泡内膜增生,到发情开始时卵泡已经发育成熟,卵泡液不断分泌并增多,使卵泡的体积增大,此时卵泡部分突出于卵巢表面,卵子被颗粒层细胞包围,在激素的作用下促使卵泡壁破裂,致使卵子被挤压而排出。

(2)异常发情　母羊的异常发情多见于初情期之后、性成熟之前以及繁殖季节开始的阶段,而且也会由营养不良、内分泌失调、疾病或环境温度的骤然变化所引起。常见的异常发情有以下四种。

安静发情:安静发情又称静默发情,由于雌激素分泌不足而引起,表现为没有明显的发情征状,卵巢上的卵泡在发育成熟后不排卵。

短促发情:它是由于卵泡迅速成熟并且排卵产生,也有可能是由于卵泡突然停止发育或者卵泡发育受阻继而使发情期缩短。在这种情况下如不注意观察,很容易错过配种期。

断续发情:常见于早春及营养不良的母羊,表现为母羊发情持续时间很长,并且发情时断时续,其原因是母羊的排卵功能不全,以至于卵泡之间出现交替发育,卵泡在发育到一定阶段后便退化萎缩,而另一侧的卵巢又有卵泡开始发育,产生的雌激素使母羊再次发情,继而出现断续发情。对于断续发情的母羊,如果调整饲养管理、加强营养,母羊会恢复正常发情,并且能够正常排卵,在配种之后也可以受胎。

孕期发情:大约有 3% 的母羊会在妊娠期出现发情征状,主要是激素分泌失调而引起。孕期发情母羊的妊娠黄体分泌孕酮不足,并且胎盘分泌的雌激素过多,继而引起孕期发情。在妊娠早期发情的母羊,卵泡虽然发育,但并不会排卵。

(3)发情周期　发情周期是指母羊从上一次发情开始到下一次发情开始之间所间隔的时间,在发情季节这种发情表现为周期性。在一个发情周期内,其生殖器官和机体会发生一系列周期性的变化,这种变化周而复始,一直到母羊达到停止繁殖的年龄。

绵羊的发情周期平均为 17 天,山羊的发情周期平均为 21 天。

一个发情周期由发情前期、发情期、发情末期和休情期 4 个阶段构成。①母羊发情前期,卵巢有卵泡开始发育,母羊无发情征兆。②发情期,卵泡迅速发育并且达到成熟,母羊表现出发情征兆,有强烈的性欲表现,出现摆尾、食欲减退、主动接近公羊并接受公羊爬跨、外阴部充血肿胀并有黏液从阴门流出。母山羊的发情表现尤为明显。发情期持续时间为山羊 24～28 小时,绵羊 30 小时左右。③发情后期,卵子已经成熟并且从卵泡中排除,卵巢上形成黄体,母羊的性欲减退,不再接受公羊的爬跨。④休情期母羊的精神状态正常,生殖器官的生理状态也处于稳定状态。

绵羊和山羊的发情周期和发情期的持续时间见表 6-1。

表 6-1　绵羊和山羊发情周期及发情持续期

种　类	发情期 (天)	平均范围 (天)	发情持续期 (小时)	排卵时间
绵　羊	17	14～19	24～36	发情快结束时
山　羊	21	18～22	26～42	发情结束后不久

3. 繁殖季节　一般而言,母羊为季节性多次发情,经过漫长的进化和自然选择,母羊会在每年的秋季随着日照的逐渐变短继而进入繁殖季节,由于不同季节的光照、温度、营养条件等外在因素的不同,自然状态下,在秋季进行交配,来年的春季产羔为最适时期。在我国的牧区和山区饲养的品种一般为季节性发情,而在某些地区的品种经过长期的人工驯养和品种改良,产生了如小尾寒羊、湖羊等常年发情的品种,这些品种会常年发情,没有繁殖季节和非繁殖季节之分。

羊的繁殖季节受诸多因素的影响,其中光照为主要的影响和限制性因素。羊为短日照繁殖动物,即母羊随着日照时间的逐渐变短性活动加强，进入繁殖期。在赤道附近的地区，由于昼夜长度比较恒定，此地区的羊在全年都可以发情。随着饲养地区的纬度的增加，不同季节的光照差异也不断加大，继而母羊在繁殖方面的季节性也就越来越明显。

此外，羊的品种、年龄、温度、饲养条件和异性刺激等因素也会在不同的程度上对羊的繁殖季节产生影响。比如，在我国北方的山区、牧区，绵羊多在秋季或冬季发情，而湖羊和小尾寒羊在全年都可以发情。一般未经产的母羊和老龄羊较壮年的羊发情开始得晚，繁殖季节持续得也较短。在饲料充足、营养水平高的条件下饲养的母羊，其繁殖季节可以提前，反之就要适当推迟。若在繁殖季节到来之前进行催情补饲，不仅可以使母羊提早进入发情期，还可增加双羔率。酷热和严寒都会对羊繁殖不利，从而推迟繁殖季节，反之凉爽的气温可使繁殖季节提前到来。在繁殖季节来临之前，若将公羊放入母羊群中，可使母羊提早发情，此效应称为公羊效应。

4. 种羊利用年限　种公羊的使用年限为 10 年左右，以 3～5 岁繁殖力最强，繁育后代最好，生产效益最优，一般利用年限 4～6 年，7～8 岁以后逐渐衰退，直到丧失繁殖力和生产力。生产中母羊利用年限 5～7 年，10～15 岁终止发情，失去繁殖能力。公、母羊的使用年限，还与饲养管理有密切的关系，营养缺乏或过度都会造成不育。因此，想要延长羊的使用年限，就应给予合理的饲养管理。

（二）根据自身专业条件因地制宜合理采用配种方法

肉羊的配种方法分为自然交配、人工辅助交配和人工授精。

1. 自然交配　自然交配为最简单的配种方式，它分为 2 种形式：一种是公羊与母羊在平时分开饲养，到了繁殖季节按照 100 母羊中放入 3～4 只公羊的比例进行组群，使其自然交配。另一种方式是公羊与母羊平时混群饲养。自然交配的优点是：可以节省人力和设备，适合小群分散的生产单位，并且如果公、母羊的比例适当，可获得较高的受胎率。缺点是：系谱不清，后代血统不明，无法避免近亲交配，不能对配种公羊的后代品质进行了解；无法对母羊的确切配种时间和产羔时间进行控制，并且容易发生早配的现象；需要较多的种公羊，公羊之间经常发生争斗，不仅对公羊的体力消耗较大，还会影响母羊的进食；种公羊的利用率低，优秀种公羊不能得到充分利用。为了克服以上缺点，在非配种季节应该将公羊与母羊分开饲养，只有在配种季节才将公羊混入母羊群；每隔2～3年，群与群之间应该有计划地进行公羊调换，交换血统。这种自然交配方法有很多弊病，因此在规模舍饲条件下不提倡肉羊自然交配。

图 6-1　辅助配种

2. 人工辅助交配　人工辅助交配是将公羊与母羊分群饲养，在配种期用试情公羊找出发情母羊，用指定的公羊进行配种（图 6-1）。人工辅助交配的优点是：交配由人为控制，可以知道配种的确切时间和配种公羊号，不但可以预测产羔日期，还可以进行选种选配，提高

后代质量；减少种公羊的体力消耗，提高优秀种公羊的利用率，延长种公羊的利用年限。对于母羊群不大、公羊数量较多的羊场，可以采用这种方法交配。这种方法是不具备人工授精条件的中小规模羊场和农区羊场比较理想的配种方法。

3. 人工授精　人工授精是用器械以人工的方式采集公羊的精液，经过精液品质检查和稀释处理，再利用输精器械将精液输入到发情母羊的生殖道内，以达到母羊受胎的配种方式，其优点是优秀种公羊得以充分利用,加快遗传育种进程。人工授精在生产上是最佳的配种方式,尤其在经济杂交肉羊的生产上,从异地引入的种公羊数量少,其他的配种方式根本无法满足杂交改良的需要时,人工授精是一种极为有效的配种方法。

人工授精技术是较为成熟的一项繁殖技术,特别是对于规模羊场来说,是减少公羊饲养数量的一个措施。运用人工授精技术需要注意以下几点:①因地制宜采用人工授精技术,在北方冬季,要尽量减少人工授精配种比例,多采用人工辅助配种,即使采用人工授精也要在温暖干净的室内进行采精、输精,适当增大输精量。②配种任务繁重季节保持公羊旺盛性欲,提高精液质量是提高配种率的前提,因此要增加公羊日粮营养水平,每天喂1~2个鸡蛋;坚持运动,每天让羊运动1~2小时,这样可以维持较高性欲和精液质量。

人工授精操作步骤如下。

(1)人工授精技术在生产中的意义

①提高优秀种公羊的配种效率,扩大配种母羊的头数。人工授精技术不仅有效地改变了肉羊的交配过程,更重要的是这项技术大大提高了优秀种公羊的利用效率。公羊在交配时,一次射精量为0.8~1.8毫升,每毫升精液含有的精子数为25亿~40亿个,为了达到人工授精的成功,每只母羊的输精量应为0.85亿~1亿个,按照每只种公羊单次采精量为1毫升来计算,1只公羊的单次采精量可以满足20~40只母羊的配种要求。

②加速肉羊杂交改良,促进育种进程。由于人工授精技术大大提高了优秀种公羊的利用效率,使肉羊的良种基因在种群中的分布得到了提高,从而促进了育种进程。

③降低饲养管理费用。由于人工授精技术使优秀种公羊的配种母羊头数大大提高,从而可以相应减少种公羊的饲养数量,降低了饲养管理费用。

④可以防止各种疾病,特别是生殖道疾病的传播。由于人工授精技术避免了配种公、母羊的直接接触,并且人工授精技术有严格的操作规程,从而防止了公、母羊之间的疾病传播。

⑤提高受胎率。人工授精技术克服了公、母羊在自然配种中由于体格差异或生殖道异常造成的困难,同时也可以及时发现生殖障碍,以便采取措施来减少不孕。人工授精所用的发情母羊需要事先经过发情鉴定,掌握适宜的配种时机,所用的精液均经检查合格。因此,可以提高母羊的受胎率。

⑥扩大了种公羊配种地区范围。保存的种公羊精液,特别是冷冻精液,便于携带和运输,使配种不受地域限制,还能有效地解决无种公羊或种公羊缺乏地区母羊配种的问题。

人工授精技术适用于在养殖场、养羊大户、专业养羊村和广大牧区应用,是实现肉羊高效生产的一项重要繁殖技术。

(2)人工授精所需仪器、设备、物品及药物 见表6-2。

表6-2 羊人工授精所需的仪器

序 号	名 称	规 格	单 位	数 量
1	显微镜	300～600倍	架	1
2	蒸馏器	小型	套	1
3	天平	0.1～100克	台	1
4	假阴道外壳		个	4
5	假阴道内胎		条	8～12
6	假阴道塞子(带气嘴)		个	6～8
7	玻璃输精器	1毫升	支	8～12
8	输精量调节器		个	4～6
9	集精杯		个	8～12
10	金属开腔器	大、小2种	个	各2～3

续表 6-2

序　号	名　　称	规　格	单　位	数　量
11	温度计	100℃	支	4～6
12	载玻片		盒	1
13	盖玻片		盒	1～2
14	酒精灯		个	2
15	玻璃量杯	50 毫升、100 毫升	个	各 1
16	玻璃量筒	50 毫升、100 毫升	个	各 1
17	蒸馏水瓶	500 升、1000 毫升	个	各 1
18	玻璃漏斗	8 厘米、12 厘米	个	各 1
19	漏斗架		个	1～2
20	广口玻璃瓶	125 毫升、500 毫升	个	4～6
21	细口玻璃瓶	500 毫升、1000 毫升	个	各 1～2
22	烧　杯	500 毫升	个	2
23	带盖搪瓷杯	250 毫升、500 毫升	个	各 2～3
24	灭菌锅		个	1
25	长柄镊子		把	2
26	剪　刀	直把	把	2
27	吸　管	1 毫升	个	2
28	玻璃棒	0.2 厘米、0.5 厘米	个	2
29	药　勺		个	2
30	纱　布	医用		1 千克
31	脱脂棉	医用		1 千克

续表 6-2

序　号	名　　称	规　格	单　位	数　量
32	试情布	60 厘米×40 厘米	条	30～50
33	手电筒		个	2
34	酒　精			
35	白凡士林			1 千克
36	新洁尔灭	500 毫升		
37	采精架		个	1
38	输精架		个	2

（3）人工授精技术程序

①采　精

采精场所的准备：要有固定的采精室，以使公羊建立交配的条件反射。如在露天采精，采精场地应当避风、平坦，并且要防止尘土飞扬，采精时应保持环境安静。

台羊的准备：台羊应选择健康，体格大小与采精公羊相适应且发情征状明显的母羊作台羊。用不发情的母羊作台羊不能引起公羊性欲时，可先用发情母羊训练采精几次，然后再改用不发情的母羊作台羊。台羊外阴部用 2％来苏儿消毒，再用温水擦干净。如用假羊作台羊，须先经过训练，即先用真母羊为台羊，采精数次，再改用假羊为台羊。

采精公羊的准备：采精公羊阴茎包皮孔部分如有长毛应事先剪短。采精前用温水清洗种公羊阴茎的包皮，并擦干净。

假阴道的准备：

第一步安装假阴道和消毒，检查所用的内胎有无损坏和沙眼。安装时先将内胎装入外壳，使光面朝内，并要求两头等长，然后将内胎一端翻套在外壳上，依同法套好另一端，此时勿使内胎有扭转情况,并使松紧适度,然后在两端分别套上橡皮圈固定。用长柄镊子夹 70%酒精棉球,从内向外旋转消毒内胎,要求消毒全面彻底,待酒精挥发后再用生理盐水棉球多次擦拭。消毒好的集精杯也要用生理盐水棉球多次擦拭,然后安装在假阴道的一端。

第二步是灌注温水。左手握住假阴道的中部,右手用量杯或吸水球将温水(50℃～55℃)从灌水孔灌入,水量为外壳与内胎间容量的 1/3～1/2 为宜。实践中常以竖立假阴道,其中的水可达到灌水孔为适宜。最后装上带活塞的气嘴,并将活塞关好。

第三步是涂抹凡士林。用消毒玻璃棒取少许经消毒的凡士林,在安装集精杯的对面一端的假阴道内胎上涂抹一薄层凡士林,凡士林涂抹深度以假阴道长度的前 1/3～1/2 处为宜。

第四步是检温、吹气、加压。用消毒的温度计插入假阴道内检查温度,以采精时达 39℃～42℃为宜。若温度过高或过低,可用冷水或热水调节。当温度适宜时向夹层注入空气,使涂凡士林一端的内胎壁遇合,口部呈三角形裂隙为宜。最后用纱布盖好入口,准备采精。

采精技术:采精人员右手握住假阴道后端,固定好集精杯(瓶),让假阴道的气嘴活塞朝下,蹲在台羊右后侧,在公羊跨上母羊背侧的同时,将假阴道与地面保持 35°～40°角迅速将公羊的阴茎导入假阴道内,切勿用手抓碰摩擦阴茎。若假阴道内温度、压力、润滑度适宜,公羊后躯会急速用力向前一冲,这表明已射精,然后随着公羊向后移动,顺势取下假阴道,集精杯一端向下迅速将假阴道竖起,然后打开活塞上的气嘴,放出空气,取下集精杯,用盖子盖好集精杯送精液处理室待检(图 6-2)。

②精液品质检查　精液品质检查在 18℃～25℃室温条件下进行。正常精液色泽为乳白色或乳黄色,一次射精量为 0.8～1.8毫升。镜检活力达 80%、密度在中等以上精液可用于输精或制作冷冻精液。

图 6-2 人工采精

通常在显微镜下评定精液密度,分为密(25 亿精子以上/毫升)、中(20 亿～25 亿精子/毫升)、稀(20 亿精子以下/毫升)三级。"密"指在视野中精子之间距离小于 1 个精子的长度;"中"指在视野中精子之间距离大约等于 1 个精子的长度;"稀"指在视野中精子之间距离大于 1 个精子的长度。

③精液的稀释

稀释液的种类及配制:常用的稀释液有 0.9%氯化钠溶液,乳汁,维生素 B_{12} 注射液,柠檬酸钠-卵黄-葡萄糖稀释液。乳汁稀释液配制方法,先将乳汁(牛乳或羊乳)用 4 层纱布过滤在三角瓶或烧杯中,然后水浴煮沸消毒 10～15 分钟,取出冷却,除去奶皮即可应用。柠檬酸钠-卵黄-葡萄糖稀释液的配制:在 100 毫升蒸馏水中加葡萄糖 3.0 克、柠檬酸钠 1.4 克,溶解后过滤灭菌,加新鲜卵黄 20.0 克、青霉素 10 万单位充分混合。新鲜卵黄的制备:洗净蛋壳,用酒精棉球擦拭待蛋壳全干,打破蛋壳,倾出蛋白,蛋黄轻轻倒在滤纸上,注意不要弄破蛋黄外膜;轻轻转动滤纸,使剩余蛋白吸附在滤纸上;用滤纸兜住蛋黄,一手捏紧滤纸四角,一手在滤纸外轻轻挤压蛋黄,将蛋黄液滴入烧杯内,弃去滤纸上蛋黄外膜,用消毒玻璃棒打匀烧杯内蛋黄,特别是 1 个烧杯内盛有不止一个卵黄时更要打匀。

精液稀释倍数：0.9％氯化钠溶液适于精液稀释后马上输精，稀释倍数不宜超过 2 倍；乳汁、维生素 B$_{12}$ 液稀释倍数一般为 2～4 倍；柠檬酸钠-卵黄-葡萄糖稀释液可用于精液稀释后常温保存，稀释倍数为 4～8 倍。实际操作中是根据发情母羊的数量确定。

精液的稀释方法：精液稀释温度要与精液的温度一致，多在 20℃～25℃稀释。首先将稀释液沿精液瓶壁缓缓倒入，用经消毒的细玻璃棒轻轻搅匀，稀释后再次进行精液品质检查。

④精液的保存与运输

精液的保存：羊精液保存时间较短，一般在 20℃时可保存 6 小时，10℃时可保存 12 小时以上，4℃时可保存 24 小时左右，2℃～4℃保存效果较好，也可将精液冷冻长期保存，但因羊的精子耐冻性差，受胎率较牛、马偏低。

精液的运输：精液运输距离较近时不必进行降温，将装有精液的集精杯或小试管口封严，用棉花包好后放入保温瓶中即可。远距离运输时，可直接降温运输。运输的关键是在运输途中如何防止温度发生巨变和剧烈震动。每次输送的精液都要注明公羊号、采精时间、精液量和精液品质等级。

⑤发情鉴定　主要有外部观察法和试情法两种。

外部观察法：主要观察母羊的外部表现和精神状态。发情母羊主要表现为喜欢接近公羊，并且会强烈摇摆尾部，兴奋不安，对外界刺激敏感，常鸣叫，举尾不安，排尿频繁，食欲减退，反刍停止，外阴部肿胀充血，并伴有黏液的排出。泌乳期母羊发情时，泌乳量会下降，不照顾羔羊，当被公羊爬跨时会站立不动，后肢叉开。绵羊的发情期短，外部表现不太明显，山羊的发情相对较为明显，因此母羊的发情鉴定需结合试情法进行。

试情法：利用试情公羊进行。

试情公羊的准备：试情公羊一般为 2～4 岁体格健壮、无疾病、性欲旺盛、无异食癖的非种用公羊。试情公羊的头数应为母羊头数的 2%～2.5%，以保证试情时可以轮流替换使用。试情布应采用长 60 厘米、宽 40 厘米的细软白布一块，四角系上或缝上长度适宜的布袋，拴在试情公羊的腰部，以试情布能将试情公羊的阴茎兜住使其不能与母羊直接交配并且不影响公羊的正常行走、爬跨和射精为准。为了防止偷配，可以对试情公羊进行输精管切除，具体方法为：选择 1～2 岁的健康公羊，在 4～5 月份进行手术，此时天气温和，无蚊虫叮咬，利于伤口的愈合。将公羊左侧卧，由助手绑定，取手术者方便的姿态对其进行消毒，如手术者不熟练可以对公羊进行麻醉。在睾丸基部触摸精索找到输精管，用拇指和食指捻转捏住，用食指压紧皮肤。术部切口，切开皮肤和鞘膜，露出输精管。用消好毒的钳子将输精管带出创面，分离结缔组织和血管。剪去 4～5 厘米长的一段输精管，如剪得过少会在术后愈合时连接。术后撒抗生素粉剂，缝合伤口。进行另一侧输精管切除手术。手术成功地话，公羊 2～3 天即可恢复性欲和正常爬跨行为，但要将输精管内残存的精子完全排出起码还需 6 周时间，因此在术后 6 周时间里应避免公羊与母羊接触。

试情公羊的管理：试情公羊单圈饲养，除试情外不能与母羊接触。

试情方法：根据母羊对试情公羊的反应来判断母羊是否发情。试情公羊与母羊的比例要适宜，一般在 1∶40～50。在试情公羊进入母羊圈之后，工作人员不能轰打和叫喊，适当轰赶，使羊不聚堆。发情母羊表现为愿意接近公羊，弓腰举尾，后肢张开，频繁排尿，当公羊对其爬跨时会站立不动，而不发情的母羊对公羊的爬跨躲避，甚至会出现踢、咬等抗拒行为。发现发情母羊后，应迅速挑出或做出标记。这种方法虽然简单，但是准确性很高。

⑥输　精

输精前的准备：将发情母羊两后肢担在输精室内离地高度 50 厘米左右的横杠式输精架上或站立在输精坑边。若无输精架或输精坑时可由工作人员保定母羊,方法是工作人员倒骑在羊的颈部,用双手握住羊的两后肢飞节上部并稍向上提起,便于输精。在输精前先用 0.01%高锰酸钾或 2%来苏儿消毒母羊外阴部,再用温水洗掉药液并擦干,最后以生理盐水棉球擦拭。

各种输精用具在使用前必须彻底洗净消毒,用灭菌稀释液冲洗。玻璃和金属输精器在高温干燥箱内消毒或蒸煮消毒。阴道开腔器及其他金属器材,可高温干燥消毒,也可浸泡在消毒液内或利用酒精火焰消毒。

输精枪以每头母羊 1 支为宜。当不得已数头母羊用 1 只输精枪时,每输完 1 头,先用湿棉球(或卫生纸或纱布块)由尖端向后擦拭干净外壁,再用酒精棉球涂擦消毒,其管内腔先用灭菌生理盐水冲洗干净,后用灭菌稀释液冲洗方可再使用。

输精人员要身着工作服,手洗净后用 75%酒精消毒,待酒精完全挥发干再持输精器。

输精:母羊输精时间一般在发情后 10～36 小时。在生产上,一般早晨发现母羊发情,可在当天下午输精;傍晚发现母羊发情,可于第二天上午输精。为提高母羊受胎率,第一次输精后间隔 12小时再输精 1 次,此后若母羊仍继续发情,可再输精 1 次。

原精液用量 0.05～0.1 毫升,稀释后精液或冷冻精液量为 0.1～0.2 毫升。要求每个输精剂量中有效精子数不少于 2 000 万个。

将开腔器插入阴道深部,之后旋转 90°,开启开腔器寻找子宫颈口,如果在暗处输精,要用头灯或手电筒光源辅助。开腔器开张幅度宜小(2～3 厘米),找子宫颈口较容易;否则开张越大,刺激越大,羊努责,越不易找到子宫颈口。子宫颈口的位置不一定正对阴道,但其在阴道内呈一小突起,附近黏膜充血而颜色较深。找到子宫颈口后,将输精器插入子宫颈口内 1～2 厘米处将精液缓缓注入。有些羊需用输精器前端拨开子宫颈外口上、下 2 片或3 片突起皱襞,方可将输精器插入子宫颈口内。若子宫颈口较紧或不正者,可将精液注到子宫颈口附近,但输精量应加大1倍。输完精后先将输精器取出,再将开膣器抽出。

输精瞬间,应缩小开膣器开张程度,减少刺激,并向外拉1/3,使阴道前边闭合,容易输精。输精完毕母羊在原保定位置停留一会儿再放走。输精总的原则要求做到"适时"、"深部"、"慢插"、"轻注"、"稍站"十字。

(三)做好配种工作,保证配种妊娠率

在配种前期及配种期,应该对公羊、母羊给予充足的蛋白质、维生素和矿质元素等营养物质。营养状况不但影响公羊精子的产生和精子的质量,也会对母羊卵子和早期胚胎的发育产生很大的影响。增加配种前体重,还可以使母羊发情整齐、排卵数量多,继而可以提高母羊的配种率、受胎率和多胎性。在母羊妊娠期尤其是妊娠后期加强饲养管理,可以降低母羊的流产率、死亡率和死胎率,初生羔羊的体重也会增加。哺乳期饲养管理的加强,可以使母羊的泌乳力提高,羔羊生长发育快,成活率也会提高。

做好配种工作,既要做好对配种公羊、母羊的选育和选配,又要掌握好配种时机,做到适时配种和多次配种。对于种用的公羊和母羊要进行严格的选择,选择体型外貌符合种用要求、体格健壮、睾丸发育良好、性欲旺盛的个体,并且要适时对其精液进行检查,及时发现并剔除不符合要求的公羊。除此之外,还要注重从繁殖力高的母羊的后代中选择培育种公羊。种用母羊的选择,应从生产角度考虑,着重多胎母羊的后代,从中选择出优秀的个体,以达到获得多胎性强的母羊。此外,还要注意母羊的泌乳量、哺乳性能和母性。母羊的繁殖力随着年龄的增长而增长,在4~5岁时母羊的繁殖力达到最高,在选择过程中,应特别注意初产母羊的多胎性对后代繁殖力的影响。

母羊的发情期持续时间短,尤其是绵羊,因而要把握好配种时机,及时发现羊群中的发情母羊,以免漏配。大量的生产实践证明,在繁殖季节开始后的第一、第二个发情期,母羊的配种率和受胎率最高,而且此时期母羊双羔率也高。一些高产母羊的排卵量高,但卵子不是同时成熟和排出,而是陆续成熟排出,因而要对母羊进行多次配种或输精,可利用重复简配、双重交配和混合输精的方法,令排出的卵子都能有受精的机会,从而提高产羔率。

（四）增加能繁母羊的比例

　　在羊群结构中,能繁母羊所占比例对羊群的增殖和养羊业的效益有很大的影响。因此,每年都要对羊群进行整顿,及时对老龄羊和不孕羊进行淘汰,能繁母羊的年龄以 2～5 岁为宜,7 岁以后的母羊即为老龄羊。

　　1. 不断调整羊群结构,保持可繁母羊较高比例　一个好的羊群结构是保持较高生产性能的重要因素,一般公母比例为 1∶30,可繁母羊所占比例为 80% 左右,后备母羊占 15% 左右,成年可用公羊占 3%,后备公羊占 2%。要做好繁殖记录,及时了解羊的发情配种情况,掌握羊群繁殖状况,保持可繁母羊较高比例。

　　2. 及时处理不孕母羊,减少不孕不育母羊比例　对于规模羊群,不可避免地存在一些繁殖功能不正常的羊,比如产后发情间隔长、繁殖季节不发情、屡配不孕等。对于那些繁殖不正常的羊,要及时通过人为干预促使发情,提高配种率。如果人为措施不见效果,要及时淘汰,减少饲养成本。

（五）导入多胎基因,提高母羊胎产羔数

　　利用多胎品种与地方品种羊杂交是提高繁殖力最快、最有效和最简便的方法。湖羊、小尾寒羊作为我国优良的多胎、早熟的地方品种在不少省份相继引种，用来改进当地羊的繁殖性能。选择多胎品种的公羊与单胎品种的母羊进行杂交，其后代多具有多胎性。在同一品种内，选留多胎公羊作为种用。

（六）有条件羊场可采用繁殖新技术

1. 同期发情　这项技术除用于胚胎移植技术外，还多应用于肉羊生产，可有计划进行羔羊的同期育肥和出栏，有利于减少管理开支，降低生产成本。常用的药物有氯前列烯醇、孕激素海绵栓、孕马血清、三合激素等。

2. 超数排卵　超数排卵对提高母羊产羔数，特别是发挥优良母羊的遗传潜力及使用效率具有重要意义，同时也是胚胎移植技术的核心技术之一。具体方法在成年母羊发情前 4 天，肌内或皮下注射孕马血清促性腺激素 200～400 单位，出现发情后立即配种，并在当天肌内或静脉注射人绒毛膜促性腺激素 500～700 单位，以达到超数排卵的目的。

3. 诱导发情　是针对乏情期内的成年母羊，人为借助外源激素、生物学刺激等方法，引起其发情并进行配种的技术，通过打破母羊的季节性繁殖规律，缩短母羊繁殖周期，提高繁殖率。

（七）诱导多（双）羔技术提高母羊产羔数

目前，在养羊业中应用较为广泛的诱导多（双）羔的方法主要有遗传选择法、促性腺激素法、营养调控法等。

1. 遗传选择法及其效果　该方法主要在绵羊上使用。绵羊的多胎性状是由基因所决定的，所以可以遗传给下一代。目前，公认的多胎基因是 FecB 基因，该基因最早在布鲁拉美利奴羊中发现的。近年来，有很多报道在小尾寒羊、湖羊、新疆勒刺羊、洼地绵羊等中发现有多胎基因（FecB）。国内外均有报道，将该基因通过杂交方式可以导入到后代中，进而提高产羔率。在生产实践中，利用表型选择的方法来提高产羔率的遗传进展很慢，利用分子标记辅助选择技术可大大提高产羔数选择效果。

2. 生殖激素法及其效果　目前，在生产中常用的诱导双（多）羔的激素类制剂主要有 PMSG、LH 类似物和双羔素等。由于 PMSG 的半衰期长，在应用时只需注射 1 次，特别是与抗 PMSG 的药物配合使用时，其副作用大大降低，从而使 PMSG 在生产中得到了更多的应用。张居农等（2003）报道，用 500 单位的 PMSG 对母羊进行处理，并在首次输精的同时静脉注射促性腺激素释放激素类似物 LRH-A3，羊群总体繁殖率达到 165％，双胎、三胎和四胎的比率分别为 52.8％、7.24％和 1.2％。双羔素主要成分是睾酮-3-羧甲基肟和牛血清白蛋白，由中国农业科学院兰州畜牧与兽药研究所研制，有水剂和油剂两种类型，张卫平等（2007）报道，使用水剂型双羔素于配种前 42 天、21 天分别 2 次免疫注射，结果试验组双羔率为 22.7％，比对照组高 12.5％。

3. 营养调控法及其效果　全价的营养能为诱导多（双）羔的工作打下坚实的基础，它可以提高种公羊的性欲，从而产生高品质的精液，也可以促进母羊排卵数的增加，加强公、母羊的营养，实行满膘配种是提高多（双）羔率的有效措施。孙晓萍等（2010）报道，对 300 只滩羊进行放牧加补饲，母羊从配种期和妊娠前期每天补饲混合精料 0.1 千克，妊娠 30 天到产后 40 天每天补饲 0.5 千克，对照组按正常情况饲养，2 年下来，试验组平均产羔率比对照组高 45.5％。

（八）缩短产羔间隔提高母羊产羔次数

1. 早期断奶　母乳喂养的方式，一般羔羊 3～4 月龄断奶，其缺点：①哺乳母羊由于要照顾羔羊，其体力难以得到恢复，因而延长了繁殖周期,降低了配种利用率;②母羊泌乳 3 周后,乳量明显下降,产后 60 天的乳量已经明显不能满足羔羊的生长需求,限制了羔羊的增重;③常规断奶方法会导致羔羊的瘤胃和肠道发育迟缓,断奶后的过渡期长,从而影响断奶后的育肥。

羔羊的早期断奶是将羔羊的哺乳时间缩短到 40～60 天,并利用羔羊在 4 月龄时生长速度最快这一特点,使羔羊在短期内迅速育肥,以便达到预期的体重。从理论上来讲,羔羊断奶的月龄和体重以羔羊能够独自生活并且能够以饲料为主要营养来源为准。3 周龄以内的羔羊应以母乳为营养来源,3 周龄以后可以慢慢消化一部分植物性饲料,8 周龄后瘤胃已经充分发育,能够消化大量的植物性饲料,此时可以进行断奶。

羔羊进行早期断奶的意义:①羔羊断奶后,母羊可以减少体力消耗,体况迅速恢复后可以为下一轮配种做好准备,从而缩短了母羊的繁殖周期。②羔羊早期断奶后进行强度育肥,有的到 4～5 个月龄就可以进行屠宰,增加经济效益。③羔羊早期断奶后可以较早采食植物性饲料,促进了瘤胃发育。断奶后用代乳粉饲喂羔羊,可以为羔羊提供全面的营养,从而促进羔羊整体生长发育,并且还能降低常见病的发病率,提高羔羊成活率。

2. 采用频密产羔体系增加母羊产羔数 对于常年繁殖的母羊要缩短其空怀期,使母羊隔 6～7 月产羔 1 次,1 年产羔 2 次或 2 年产羔 3 次;对羔羊进行提早断奶,由 4 个月断奶改为 1.5～2.5 个月断奶,使母羊早发情早配种;还可以适当提早母羊的初配年龄,继而使母羊一生的产羔数量增加。使用频繁产羔是增加羔羊数量的有效方法,但要对母羊和羔羊都加强饲养管理。

3. 早期妊娠诊断 随着养羊产业规模化和集约化的不断提高,在羊繁殖领域中,大多借助 B 超诊断技术对母羊进行早孕诊断,一般在 40～45 天,较传统的触摸法提早 1.5 个月,这一技术的应用,提高了妊娠诊断的准确性,缩短了肉羊的空怀天数,降低了空怀的饲养成本,提高了经济效益。B超诊断法是将超声波回声信号以灰阶的形式显示出来,光点的强弱反映了回声界面对超声反射和衰减的强弱,根据声像图形态和羊的解剖特点来判断羊妊娠与否(图 6-3)。

图 6-3　B超妊娠检查

　　B超诊断法的具体操作步骤为:将待测母羊站立保定,将医用耦合剂涂抹在 B 超仪的探头上,探头垂直贴近羊后肢股内侧腹壁与乳房间的少毛区,或者将探头通过直肠检测,一边观察显示器显示的图像,一边缓慢移动探头进行扫描,寻找清晰准确的扫描效果。当探测到膀胱的暗区后,向膀胱的左上或右上方探查。对于规模种羊场建议采用 B 超做早期妊娠诊断。

(九)价值高的种羊可利用胚胎移植技术扩繁

　　胚胎移植技术是利用良种或优秀个体的母羊作为胚胎移植的供体,对其进行超数排卵处理后配种,使其产生尽可能多的胚胎,再将胚胎移植到生产性能较差的母羊体内,通过"借腹生子"的方法,使普通母羊生产优秀的个体,大大提高良种或优秀个体母羊的繁殖效率,从而达到快速扩繁良种的目的。胚胎移植技术的意义在于:①可以迅速扩大良种羊的比例,提高群体品质;②能够保存羊的优良性状,将传统的活体保种改为胚胎保种,并且保存时间得以延长;③减少种羊后代测定的时间,缩短了世代间隔;④由于胚胎的运输费用低于活体的运输费用,有利于优良种羊在各地的交流。

　　1. 胚胎移植技术程序　胚胎移植技术程序主要分为供、受体

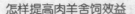

羊的选择与准备、供体羊超数排卵、受体羊的同期发情、胚胎的收集、检胎、胚胎鉴定、手术移植等步骤（图 6-4）。

以寒泊羊为供体

小尾寒羊为受体

同步处理

超排处理

同期发情

配 种

采集胚胎

手术移植胚胎

代孕受体

移植羔羊

图 6-4　胚胎移植程序

（1）供、受体羊的选择与准备　供体羊应为空怀、健康的成年经产母羊，自身应具备优良的遗传特性和较高的育种价值，膘情适中，经血液检查和检疫证明，确定无布鲁氏菌病、结核、副结核、蓝舌病、传染性气管炎等疫病，并且不能有卵巢炎、卵巢囊肿和子宫炎等生殖疾病，屡配不孕的母羊也不能作为供体使用。受体母羊应选择价格便宜、数量多且体型较大的地方品种，要求体质健康、无生殖道疾病、膘情较好的经产母羊。一般在胚胎移植中，绵羊的供、受体比例为1∶10左右，波尔山羊的供、受体比例为1∶15左右。

（2）供体羊超数排卵　超数排卵技术简称"超排"，其操作方法主要是在母羊发情周期的某一个时期内，注射外源的促卵泡激素，以达到促进母羊卵巢上多个卵泡同时发育，并产生多个具有受精能力卵子的目的。自然条件下，尤其是肉用绵羊一般以单胎居多，不同的品种之间在双胎率和多胎率上有很大的差别。作为供体的母羊往往是优良品种或者是生产性能较高的个体，因此应用超数排卵技术可以充分发挥供体母羊的繁殖潜力，使其在适配年龄中产生尽可能多的后代，继而使其优良性状得到更大程度的发挥。

超数排卵应安排在每年的最佳繁殖期，这样能够得到较好的超数排卵的效果。对于供体羊处理的时间，应在自然发情或是诱导发情的第12～13天进行，山羊在第17天进行。超数排卵用的药物一般为促卵泡素（FSH）和孕马血清（PMSG），常用的辅助激素为孕酮、促黄体素（LH）、人绒毛膜促性腺激素（hCG）和促性腺激素释放激素（GnRH）。

山羊超数排卵方案：在供体羊体内埋植孕酮栓20天，于埋栓的第17～20天连续4天8次注射FSH，每2次注射时间间隔为12小时，并在第7次注射的同时撤掉孕酮栓，注射氯前列烯醇1毫升，于第21～22天对供体羊进行发情鉴定，对发情的供体羊进行配种,并在第 1 次配种时注射促排 3 号。

　　绵羊超数排卵方案:在供体羊体内埋植孕酮栓 14 天,于埋栓的第 12～14 天连续 3 天 6 次注射 FSH,每 2 次注射时间间隔为 12 小时,并在第 5 次注射的同时撤掉孕酮栓,注射前列烯醇 1 毫升,于第 15～16 天对供体羊进行发情鉴定,对发情的供体羊进行配种,并在第 1 次配种时注射促排 3 号。

　　(3)受体羊的同期发情　受体羊同期发情的方法有孕激素阴道栓塞法和前列腺素注射法 2 种。

　　①孕激素阴道栓法　该方法是将含有孕激素的阴道栓放置于母羊的子宫颈外口处,山羊的放置时间为 16～18 天,绵羊的放置时间为 12～14 天,在取出阴道栓的第 2～3 天后处理母羊的发情率可达 90％以上。阴道栓可以采用厂家的现成品,也可以自制。自制阴道栓的方法是取一块直径和厚度均为 2～3 厘米的海绵,拴上 35～45 厘米长的细线,再将孕激素与植物油混合,制成孕激素的溶液,将海绵浸入到溶液中。常用的孕激素种类和剂量分别为:孕酮 150～300 毫克,甲羟孕酮 50～70 毫克,甲地孕酮 80～150 毫克,十八-甲基-炔诺酮 30～40 毫克,氯孕酮 20～40 毫克。阴道栓准备好后,用送栓导入器将阴道栓送入母羊阴道内。送栓导入器由外管和推杆组成。外管前端截成斜面,再将斜面后端的管壁挖一个缺口,以便于用镊子将海绵栓置于外管的前端。推杆略长于外管,前端削成一个平面,以防止推杆将阴道栓上的细线卡住。埋栓之前,要将埋栓器浸入消毒液中消毒,阴道栓要浸入到混有抗生素(如长效土霉素)的润滑剂(如食用油)中,然后用镊子夹住阴道栓,从外管前端后面的缺口处放入,细线从外管前端的缺口处引出至管外,将推管插入外管,使推管前端与阴道栓接触。埋栓时,需要固定母羊使其呈自然站立姿势,将外管和推管与水平方向呈 20°角,缓缓插入阴道 10～15 厘米,将阴道栓送入子宫颈口处。

除了用埋栓器进行埋植之外,还可以用肠钳进行埋栓,操作方法是:将母羊保定,用开膣器将阴道打开,用肠钳将蘸有抗生素药粉的阴道栓放入阴道内 10～15 厘米处,注意将阴道栓的线头(5～8 厘米)留在阴道外。由于幼龄的未经产母羊阴道狭窄,在应用送栓导入器时会比较困难,可以采用肠钳法进行埋植,也可以用手指直接将阴道栓推入。

埋栓时应避免尘土飞扬,以免污染阴道栓,影响埋栓效果。埋栓后勤检查,发现阴道栓脱落应及时重新埋植。撤栓时,用手拉住露在阴道外的细线,朝向后、向下的方向拉出阴道栓,若拉扯细线时不易将阴道栓拉出,可以用开膣器打开阴道,再用肠钳将阴道栓取出。正常情况下,在撤栓时会有异味的黏液从阴道流出,若有红色或黑色的血、脓排出,可用注射器吸取抗生素向阴道内注射的方法处理。若在撤栓的过程中,阴道外看不见细线,可以用开膣器打开阴道,用镊子将阴道栓夹出。遇到粘连的情况,撤栓时必须轻,以免损伤阴道。撤栓后用 10 毫升 3％土霉素溶液冲洗阴道。

②前列腺素法 该方法是给母羊注射 2 次前列腺素,每次注射时间间隔为 10～14 天,每次剂量为 0.05～0.1 毫克,在第二次注射后的 2～3 天,母羊的发情率可达到 90％以上。

(4)胚胎收集 常用的胚胎收集方法为手术法。

①供体羊在手术前的准备 供体羊在手术之前需禁饲 24 小时,以防手术时产生呕吐,呕吐物被羊吸入鼻腔。手术前将供体羊仰卧绑定在手术架上,肌内注射 0.8～1.5 毫升的速眠新(846),用毛剪或刮胡刀将供体羊乳房前腹中线位置的毛剪干净,用清水清洗,涂以 5％碘酊消毒,待碘酊干后用 75％酒精棉球进行脱碘。手术部位选择在乳房前腹中线部(两条乳静脉之间)或者在后肢骨内侧鼠蹊部。盖上创巾,将手术部露出。术者在进行手术前将指甲剪短,用 0.1％新洁尔灭溶液将手和手臂浸泡消毒

约 5 分钟。

②手术操作　术者用左手食指和拇指将手术部位两侧的皮肤撑紧并固定,右手持手术刀将皮肤和皮下组织切开,再钝性分离肌肉,最后打开腹膜。术者用撑开皮肤的食指和拇指伸向腹腔内并在盆骨交界的位置寻找子宫角,找到后用食指和拇指夹出,牵引至创口外。沿着子宫角的方向找到该侧子宫角所对应的卵巢,观察并记录卵巢表面排卵点和卵泡的发育情况,在观察的过程中切记不能用手拉扯卵巢,也不能用手捏卵巢,更不能用手直接触摸排卵点和充血的卵泡。采用冲卵管将胚胎冲出并对胚胎进行收集(具体操作方法在下一部分进行介绍)。胚胎收集完毕后,对创口进行缝合。缝合后在创口涂 5% 碘酊消毒,并注射 0.2 毫克的氯前列烯醇、1～2 毫升的苏醒灵和定量的抗生素。

③手术收集胚胎　手术收集胚胎的方法分为输卵管法和子宫法 2 种。

输卵管法:以发情当天为第 0 天,在第 2～3 天用手术法从供体的输卵管处进行胚胎的收集。将 7 号针头配上胶皮管作为冲胚管,将其中的一段插入输卵管的喇叭口处,深度为 2～3 厘米,再用纯圆的夹子进行固定后,在冲胚管的另一端放置一个培养皿接收冲出来的胚胎。用 20 毫升的注射器吸取 37℃ 冲胚液 5～10毫升,在子宫角靠近输卵管的部位,将针头顺着输卵管的方向插入,在针头后方捏紧子宫角的同时推动注射器,冲胚液会由子宫与输卵管的结合部流进输卵管,并经输卵管最后流入培养皿。该方法的优点在于冲胚液用量少,对胚胎进行检查时能够节省时间,胚胎的回收效率高;其缺点是容易造成输卵管特别是输卵管伞部的粘连。

子宫法:以发情当天为第 0 天,在第 6～7 天用手术法从供体的子宫进行胚胎的收集。用手术法将子宫取出,用手术钳在子宫处扎 1 个孔,先用注射器向子宫内注入 4～8 毫升气体,借助冲胚管气囊将冲胚管的一段固定于子宫角基部,再在另一端放置 1 个培养皿收集冲出来的胚胎。在子宫角的尖端插入套管针,用注射器吸取 37℃的冲胚液 20 毫升并缓缓注入冲胚管中,最后用冲胚管另一端的培养皿收集冲出来的胚胎。待冲胚液全部回流到培养皿中后,将冲胚管气囊中的气体放掉,取出冲胚管。用同样的方法处理另一侧的子宫角。操作完毕后用碘甘油涂抹子宫角伤口处。该方法的优点是对输卵管造成的损伤小,尤其是不会对输卵管伞部造成损伤;缺点是所用的冲胚液较多,胚胎的后期收集和质量检测用时较多。

(5)检胚　先将集卵杯倾斜,缓慢倒掉上清液,留下 10 毫升的冲胚液,再用杜氏磷酸缓冲液(PBS)冲洗集卵杯,最后将集卵杯内液体导入培养皿中镜检。准备 3～4 个培养皿并依次编号,倒入 10%或 20%的牛血清(PBS)保存液,将培养皿放入培养箱中或恒温板上。300 毫米或 400 毫米玻璃吸管或玻璃棒消毒备用。用 10 倍体视显微镜在上述培养皿中寻找受精卵,找到后先用玻璃棒将受精卵周围的黏液拨开,用玻璃吸管将受精卵吸至第一个培养皿中,然后吸取少量杜氏磷酸缓冲液后吸卵,并在不同的部位洗 3～5 遍,再用同样的方法将受精卵在第二个培养皿中处理,最后将所有处理过的受精卵移至最后一个培养皿中。

(6)胚胎鉴定　胚胎鉴定主要是对卵子是否受精、胚胎的发育阶段和胚胎的质量进行鉴定。未受精的卵子为圆形,外周有一圈折光性强且透明的透明带,中间的细胞质质地均匀、颜色较暗,透明带与卵黄之间的间隙很小。受精的卵子透明带内出现第二极体,并且透明带与卵黄膜的间隙变大。发育情况正常的胚胎透明发亮,卵裂球大小均匀,透明带与卵黄膜间隙明显,而发育不正常的胚胎会观察到透明带不明显,胚胎发暗,卵裂球中细胞间的界限不明显,有的胚胎会发生皱缩现象。

发育到第 2～3 天时,胚胎处于 2～8 细胞期,这时的胚胎中可以看到卵裂球,卵黄腔的间隙较大;第5～6天会发育到桑葚胚阶段,这时的胚胎中只能看到球状的细胞团,看不清单个卵裂球,细胞团会占据卵黄腔的大部分空间;到了5～6天时,胚胎发育成致密桑葚胚,细胞团的体积会变小;第7～8天时,胚胎发育到囊胚阶段,起初细胞团的一部分会发育出一个发亮的腔,等到细胞团充满卵黄腔时,内细胞团和滋养层的界限会逐渐明显,胚胎中的腔会变得明显且清晰;发育到第8～9天的囊胚体积会扩大成原来的1.2～1.5倍,此时胚胎外层的透明带会变薄,厚度是原来厚度的1/3;最后发育到第10～11天时,囊胚中的腔会继续扩张,最后透明带被撑破,整个胚胎会从透明带中脱出来,此时的胚胎又称为孵化囊胚。

根据胚胎质量分为A、B、C和D四个等级。A等级的胚胎其发育阶段与胚龄相一致,胚胎的结构和形态完整,呈球形,轮廓清晰,分裂球之间结构紧凑,大小均匀,色调和透明度都适中,透明带内没有或仅有少量游离的细胞和胞液,变性细胞的比例小于10%;B级胚胎,发育阶段与胚龄基本相一致,轮廓清晰,分裂球之间大小基本一致,色调、透明度和胚胎密度良好,透明带内可以看到一部分游离的细胞和液泡,变形细胞比例10%～30%;C级胚胎,发育阶段与胚龄不太一致,轮廓不是很清晰,色调相比于A、B级的胚胎较暗,卵裂球结构松散,游离的细胞或胞液较多,变形细胞的比例达到30%～50%;D级胚胎,一般为有碎片结构的胚胎,细胞之间已经没有组织结构,变性细胞占胚胎体积的大部分,约为75%。四个等级中,A、B、C三个等级的胚胎为可用胚胎,能够进行下一步的胚胎移植,D级胚胎为不可用胚胎。

(7)手术移植

①移植需在适宜的时间进行 胚胎的发育阶段要与受体羊子宫的发育阶段相一致。这既要考虑供体和受体发情的同期化,又要考虑胚胎发育阶段和子宫环境之间的关系。不过,供体羊提

供的胚胎是经过超排卵子产生的,超排产生的卵子往往在时间上存在差异,因此不能只单单考虑供体羊与受体羊发情的同期化。在实际操作中,要对受体羊的黄体进行仔细检查,如果黄体发育到了适合的程度,即使发情时间不相吻合也可以进行移植;反之,也就不能进行移植。

②移植操作　受体羊的手术操作与供体羊相同。移植手术分为输卵管移植和子宫移植两种。若胚胎从供体的输卵管获得,应从输卵管伞部移入;若是从供体的子宫获得,应当移入子宫角前1/3处。用吸胚管吸取胚胎时,应先吸取一段培养液,然后吸取少量空气,再吸取胚胎,之后再吸取少量空气,最后再吸取一段培养液。这样的操作可以有效防止胚胎的丢失。

进行输卵管移植前要注意到输卵管前近伞部处,操作者应使输卵管近伞部处于较直的状态,以便于操作者能见到牵出的输卵管处于输卵管系膜的正上面,并能见到喇叭口的一侧,若在手术中输卵管处于弯曲的状态,会对胚胎移植产生不利的影响。然后将移胚管的前端插入输卵管,缓缓加大移胚管内的压力,使带有胚胎的培养液输入到子宫中。移胚时移胚管内的液体不能过多,过多的液体会在子宫中产生外流,进而造成胚胎的丢失。移胚后应保持用手指按压住移胚管的一端,若手指在移胚后松开,移胚管内产生的负压会将胚胎吸出来,造成胚胎的丢失。抽出移胚管之后要对移胚管进行镜检,看移胚管中是否还有残留的胚胎,若没有胚胎残留,应及时将子宫复位,并做腹壁缝合。

进行子宫移胚时,应先用手术钳或其他钝性物在子宫角扎1个小孔,将移胚管从小孔插入子宫腔内,插入后会有一种游离的手感。然后推动连接在移胚管一端的注射器活塞,将胚胎移入受体羊的子宫角内,抽出移胚管,及时将子宫复位,做腹壁缝合。

移植操作中的注意事项:一是移植前对受体卵巢进行观察,应将胚胎移入有黄体或黄体发育较好一侧的子宫中,若两侧卵巢上均无黄体,则不进行移植;二是子宫上扎孔的位置应避开血管,防止出血,并且不能用力牵扯卵巢,更不能触摸黄体;三是移植胚胎的发育阶段要与移植部位相一致。四是移植中要对黄体的等级进行记录,按照黄体突出卵巢的直径分为优、中、差3个等级,优为0.6~1厘米,中为0.5厘米,差为小于0.5厘米。

受体羊在术后的1~2个情期内观察返情情况,返情则证明胚胎移植没有成功,应进行配种。对于妊娠成功的母羊,应对其加强饲养管理,保证母羊的营养全面,尤其是蛋白质的提供量,以满足胎儿生长发育的需要。

(8)胚胎移植技术体系注意事项

①选择好供体羊　由于不同个体的羊之间个体差异比较大,所以要对作为供体的母羊进行严格的筛选。一定要选择个体表现好、遗传性状稳定的母羊作为供体,若把个体性状不好的母羊作为供体便失去了胚胎移植的意义。

②选择合适的受体羊　虽然受体羊对移植的胚胎及其发育成熟的后代个体影响不大,但其对胎儿的正常生长发育、羔羊初生重、羔羊成活率及哺乳期的羔羊成活率有很大的影响,因此受体羊的选择也不能轻视。应该选择体格较大、有产羔史、无产科疾病、年龄在2~4岁、膘情中等以上、乳房发育正常、泌乳性能好的母羊作为受体。但是也有因为饲养、气候差异较大而引起的一些问题,因此应该提早购买受体羊,使其适应当地的气候条件和饲养条件之后再进行移植。

③加强受体羊的饲养管理　受体羊的饲养管理直接关系到胚胎移植的成败。如果饲养管理水平跟不上,不仅羊的体质会下降,而且极易出现营养不良或过剩现象,致使羊出现过瘦或过肥,最终影响胚胎移植效果。因此,一定要加强饲养管理水平,做好饲草饲料的生产、贮存、加工和饲喂工作。此外,对舍饲羊进行定期驱赶运动,不仅能提高羊的体质和抗病力,而且能提高胚胎移

植超排效果。

二、加强羔羊护理,保障成活率

羔羊时期是羊一生中生长发育最旺盛的阶段,为其创造适宜的饲养管理条件,加强对羔羊培育,既是提高羊群生产性能、培育高产羊群的重要措施,也是增加羊肉产量、提高羊肉品质的重要措施。

(一)掌握羔羊生长发育规律

羔羊的生长是从小到大,从少到多的变化。如肌肉、脂肪、骨骼、皮毛不断增长,体重不断增加,体积不断扩大,体躯向长宽高发展;羔羊的发育是指体组织、器官发生质的变化,但生长和发育并不是孤立的,也不是截然分开的,在生长的同时都伴有器官和功能的发育,是相互统一、相互促进的。

1. 体重增长的一般规律 妊娠后胎儿 2 月龄以前生长速度缓慢,之后逐渐加快。临近分娩时,发育速度最快。胎儿身体各部位的生长特点在各个时期不同,一般是头部生长迅速,以后四肢生长加快,整体体重的比例不断增加,维持生命的重要器官如头部、四肢等发育较早,而肌肉、脂肪等组织发育较晚。从出生到 4 月龄断奶的羔羊,生长发育迅速,所需的营养物质较多,特别是质好量多的蛋白质。羔羊出生后的 1 个月内,生长速度较快,母乳充足,出生后 2 周体重可增加 1 倍,肉用品种羔羊日增重在 300 克以上。因此,应根据羔羊的生长发育特点,给予良好的营养和管理,才能获得最大的增重效果。

一般采用初生重、断奶重、屠宰活重、平均日增重等指标来反映羊的生长发育情况,测量上述指标时,应定时在早晨空腹称重,用连续 2 天的平均值表示,增重受遗传和饲养两个方面的因素影响较大。

2. 营养水平与补偿生长 营养水平影响肉羊的生长发育速度,营养水平低不能发挥优良品种的遗传潜力,限制肉羊身体各部位的生长发育。在肉羊生产中,常见因某阶段营养水平低不能满足生长发育需要而影响增重,当营养水平达到生长发育需要时,生长速度加快,经过一段时间后,能够恢复到正常体重,这种现象称为补偿生长。因而,在生产中,可以灵活运用补偿生长的特性,进行短期优饲育肥,提高经济效益。若在生长的关键阶段(断奶前后)生长发育受阻,则在以后很难补偿。因此,要重视羔羊的培育,加强羔羊饲养管理,以免造成不可弥补的损失。

3. 不同品种类型的体重增长 肉羊品种类型不同是影响肉羊生长发育的遗传因素,肉羊品种可分为大、中型品种和早熟小型品种。在同样的饲养条件下,小型早熟品种出栏快,大型品种骨骼发育起来之后才长肌肉和脂肪组织。不同类型的肉羊育肥有以下共同特点:当体重相同时,增重快的羊饲料利用率高;当饲喂到相同胴体等级时,小型与大型品种的饲料利用率相近。

4. 体组织生长特点 在生长期骨骼、肌肉和脂肪在体内变化较大,骨骼是个体发育最早的部分,刚出生的羔羊四肢骨的相对长度比成年羊高。出生后,骨骼生长发育比较稳定,只是长度和宽度的增长,头骨发育较早,肋骨发育相对较晚。骨重占活重的比例,出生时为 17%~18%,10 月龄时为 5%~6%。肌肉的生长主要是肌纤维体积的增大,肌纤维呈束状,肌纤维增大使肌纤维束相应增大,随着年龄增大,肉质的纹理变粗。因此,青年羊和羔羊的肉质比老龄羊、成年羊的柔嫩,出生羔羊肌肉生长速度比骨骼快,体重不断增长,肌肉和骨骼重量相差较大。肌肉的生长强度与不同部位的功能有关,羔羊出生后要行走,腿部肌肉的生长强度大于其他部位的肌肉,胃肌在羔羊采食后才有较快的生长速度。头部、颈部肌肉比背腰部肌肉生长要早,不同部位的肌肉重量与年龄、性别有关,后肢肌肉在出生时已经发育完全,以后在全身肌肉中的比重有所下降;颈部肌肉、背腰部肌肉、肩部肌肉占整个肌肉组织的比例有所增加。总的来看,羔羊体重达到初生重的4倍时,主要肌肉的生长过程已超过 50%,断奶时羔羊各部位的肌肉重量分布接近成年羊,不同的是绝对量小,肌肉占躯体重的比例约为 30%。

羔羊骨骼、肌肉和脂肪的生长变化特点如下:①肌肉生长速度最快,大胴体的肉骨比比小胴体的要高。②脂肪重量的增长在羔羊阶段呈平稳上升趋势,当胴体重超过 10 千克时,脂肪沉积速度明显加快。③骨骼重量的增长速度最慢,其重量基本在出生前已经形成,出生后的增长率小于肌肉。④从生长的相对强度来看,骨重下降幅度在生长初期大于后期,肉重初期下降,相对平稳一定阶段后继续下降,脂肪重量呈现上升趋势,而且到后期更明显。

(二)加强羔羊培育,提高断奶成活率

1. 防寒保温 初生羔羊体温调节能力差,对外界温度变化极为敏感,要求舍内温度保持在 5℃以上。地面上铺一些御寒的材料,如柔软的干草、麦秸等,并检查门窗是否密闭,墙壁不应有透风的缝隙,防止因贼风侵袭造成羊只患病。

2. 初生护理 羔羊出生后应尽快擦去口鼻黏液,以免造成异物性肺炎或窒息,让母羊舔去羔羊身上的黏液。对出现假死的羔羊,应立即采取人工呼吸等措施抢救。羔羊脐带最好能自然拉断,在断处抹上 5%～7%碘酊;若没有拉断,可用消毒过的剪刀在距体躯 8～10 厘米处结扎后剪断,涂碘酊消毒。初乳对羔羊的生长发育至关重要,干物质含量高,矿物质、抗体含量高,可促进胎粪排出和提高免疫力。当羔羊能够站立时,应立即让其哺食初

乳。如果初乳不足或没有初乳,可按下列配方配成人工初乳。配方为:新鲜鸡蛋2个,鱼肝油8毫升或浓鱼肝油丸2粒,食盐5克,牛奶500毫升,适量的硫酸镁。在羔羊哺食初乳前,应将母羊乳房擦净,挤掉几滴乳,然后辅助羔羊哺乳。为便于管理,哺食初乳后在羔羊体躯部位做上与其母亲相同的标记或编号。出生3天后,对健康的羔羊进行断尾。

3. 羔羊的哺乳 初生羔羊大多情况下是母乳喂养,但是有些弱羔、双羔以及母羊产后死亡的羔羊,应采取代哺或人工哺乳。

(1)母乳营养全面 母乳营养价值较常乳要高,不但含有大量对生长及防止腹泻不可缺少的维生素A,而且含有大量蛋白质,特别是清蛋白和球蛋白含量比常乳高20～30倍。母乳中营养物质无须经过肠道分解,可以直接吸收,是新生羔羊获得抗体的唯一来源,也是羔羊前期最好的食物来源。

(2)寄养代哺 当母羊乳少或者母羊死亡,可将羔羊寄养给乳母代哺。乳母选择产后死羔或泌乳特别多、母性强的母羊。母羊是用嗅觉来识别羔羊的,寄养时,最好选在夜间,将乳母的乳汁抹在羔羊身上,或将羔羊的尿液抹在母羊的鼻端,使气味混淆。将羔羊放入乳母栏内,连续2～3天后,即可寄养成功。

(3)人工哺乳 目前,大多羊场一般采用新鲜牛奶或羔羊代乳粉作为人工哺乳原料。牛奶哺乳,要加温消毒,而且要定人、定温、定量、定时、定质。温度一般为38℃～39℃,喂量一般为1周龄0.6千克,2周龄0.9千克,3～4周龄1.2千克,5周龄1.5千克,14周龄以上减为0.5千克;时间一般为1～4周龄每间隔4小时喂1次,5～7周龄每间隔6小时喂1次,8周龄以上每间隔12小时喂1次。羔羊代乳粉用60℃左右的水冲开,进行饲喂。使用量和饲喂次数因不同生产厂家使用说明而定。

常用的人工哺乳方法有盆饮法、胶皮哺乳瓶和自动哺乳器喂给三种方法。盆饮法羔羊哺乳很快,对个别羔羊,因饮乳过快,极易产生腹泻现象。采用胶皮哺乳瓶和自动哺乳器,则可以避免这一缺陷。

人工哺乳的羔羊,一般需要训练,如果采用的是盆饮法,最初可用两手固定羔羊头部,使其在盆中舔乳,以诱其自己吮食,或给羔羊吸吮指头,并慢慢将羔羊引至乳汁表面,饮到乳汁,然后才慢慢取出指头。饲养员将指甲剪短磨平、洗净,避免刺破羔羊口腔及吮入污垢。用带胶皮哺乳瓶或自动饮乳器人工哺喂羔羊时,只要将橡皮头或自动哺乳嘴放进羔羊嘴里,羔羊就会自动吸吮乳汁。

人工哺乳注意事项:①羔羊出生后最初几日,应该让其吸吮到足够的初乳。②人工喂养中的"定人",就是从始至终固定一专人喂养,这样可以熟悉羔羊生活习性,掌握吃饱程度,喂奶温度、喂量以及在食欲上的变化,健康状况等。③喂奶时尽量采用自饮方式,用胶皮哺乳瓶或自动哺乳器喂奶时,不要让嘴高过头顶,以免把奶灌进气管,造成窒息呛奶;让奶头中充满奶汁,以免吸进空气引起肚子胀或肚子痛。④搞好人工哺乳各个环节的卫生消毒。喂奶前,饲养员应洗净双手,喂完后随即用温水将奶瓶、盛奶用具冲洗干净,用干净布或塑料布盖好。喂完病羔的用具要先用高锰酸钾、来苏儿、新洁尔灭等消毒,再用温水冲洗干净。⑤每次哺奶后,为防止羔羊互相舔食,应用清洁的毛巾擦净羔羊嘴上的余奶。⑥病羔和健康羔使用的器具应分开。

(4)羔羊补饲 羔羊补饲的目的是使羔羊获得营养物质,促进羔羊消化系统和身体发育。羔羊出生后 8 天就可以喂给少量羔羊代乳料,训练吃细嫩的青草或优质干草。羔羊代乳料是以玉米、豆饼等为主要原料加工成粉状,加上乳酸菌和酶制剂调制而成。营养成分丰富,易于消化吸收,羔羊食后一般无腹泻现象。羔羊 20 日龄前,代乳料用 5 倍的开水冲熟,晾到 37℃～38℃时用奶瓶供羔羊吸吮。羔羊 21 日龄后可干喂,也可拌在块茎饲料中饲喂。补饲标准一般每日每只羔羊从 8 日龄 25 克逐渐增至 3 月龄 100 克,4 月龄时喂量达 200 克。青绿饲料可以切短,胡萝卜可切成丝,均匀地撒在槽内,让其自由采食。干草和农副产品主要有苜蓿干草、花生秧、红薯蔓等。

在运动场内,应经常放置盛有清洁饮水的水盆,让羔羊自由饮用。出生后 40～60 天是奶和饲料并重阶段,补料中蛋白质含量要丰富,经常观测羔羊的发育速度。如果过肥,可减少精饲料,增加优质干草,但不能喂含水分过多的饲料,否则会出现大腹。日粮蛋白质含量适宜,防止公羔得尿结石。

(5)羔羊运动　加强运动,有利于增强体质,促进羔羊健康生长,提高抵抗疾病的能力。晴朗天气,10 日龄羊羔可在运动场自由活动。春羔应在中午暖和时放到运动场,逐渐增加活动时间。

(6)羔羊去势　对不留作种用的公羔,应在断奶前后去势。公羔去势后性情温驯,易于管理,饲料报酬提高,且肉的膻味小,肉质细嫩。但如果出栏年龄比较小,一般不需要去势,特别是羔羊强度直线育肥。常用的去势方法有刀切法和结扎法。

刀切法:适用于 2 周龄以上的公羊。一人保定羊,另一人用碘酊消毒羔羊阴囊外部后,一手握住阴囊上方,另一手用消毒过的手术刀在靠近阴囊侧下方 1/3 处切口,将睾丸和精索一并挤出扯断,刀口涂碘酊并撒上消炎粉。

结扎法:在小公羊 1 周龄左右,将睾丸挤到阴囊的外缘,在精索部将阴囊用橡皮筋紧紧结扎,经过 15～20 天,阴囊和睾丸萎缩并自然脱落。

(7)羔羊断奶　发育正常的羔羊,在 3～4 月龄断奶。若羔羊发育好,一年产两次羔的,断奶时间可适当提早一些;若发育较差或计划留作种用的,则断奶时间可适当延长。在羔羊断奶前 1 个月,每只每日补喂精饲料 100 克,并随同母羊采食精饲料和多汁饲料,给予充足的食盐和饮水。断奶时,要逐只称重,做好记录。

由于羔羊出生日期不一,故根据配种期高峰是 1 个月,而产羔期高峰也是 1 个月,可以采取产羔期开始后 110 天全部一次断奶,便于母羊、羔羊分别统一饲养管理。极个别弱小羔羊满 4 个月后再断奶。具体实施方法:人工哺乳的羔羊,逐渐减少哺奶量,最后停止喂奶。自然哺奶的,哺奶次数由原来 1 天哺奶 3 次,减少到 1天 2 次,然后 1 天 1 次,2 天 1 次,1 周左右完全断掉。

断奶后的羔羊先留在原来的羊舍内数日,以减少应激反应。母羊和羔羊相隔距离不可过近,要彼此听不到叫声,避免给双方造成不良情绪。为方便护理和观察,应根据羔羊日龄、体重、性别进行必要的分栏。

(8)羔羊环境卫生　初生羔羊体质弱,抗病力差,发病率高。发病的原因大多由于羊舍及其周围环境卫生差,使羔羊受到病原菌的感染。因此,饲养人员应搞好圈舍卫生,及时消毒,减少羔羊接触病原菌的机会。

(9)羔羊疾病预防　羔羊出生时注射抗破伤风毒素,1 周内注射"三联四防"疫苗。断奶时,及时注射口蹄疫疫苗、"三联四防"疫苗以及驱虫药物等。饲养员每天在添草喂料时认真观察羊只的采食、饮水、排便等是否正常,发现病情及时诊治。

正确的培育方法可以获得其亲代不具有的优良品质,从而提高羊群质量。相反,不正确的培育方法则会引起生长发育不良、生活力降低,甚至丧失原有亲代的优良品质。

三、通过常规繁殖性能指标来
判断羊群整体生产水平

繁殖性能指标可以反映羊群生产水平,因此,羔羊断奶后应及时根据各项记录总结这一繁殖年度的繁殖成绩,总结生产上的经验和所存在的问题，并针对问题制定措施，为提高下一年度繁殖成绩打下基础。繁殖性能指标有配种率、受胎率、分娩率、产羔率、羔羊成活率、繁殖率和繁殖成活率七项。

(一)配 种 率

配种率是指本年度发情配种的母羊数占本年度全部适繁母羊①数的百分率。例如，某羊场在某年度适合繁殖的母羊数为100只，其中有95只母羊发情配种成功，那么配种率为95%。

$$配种率 = \frac{配种母羊数}{适繁母羊数} \times 100\%$$

适繁母羊是指适合繁殖的母羊，又称适龄母羊、可繁母羊、基础母羊。

(二)受 胎 率

受胎率是指受胎母羊数占配种母羊数的百分率。例如，95只配种母羊中有90只母羊受胎，其受胎率为94.74%。

$$受胎率 = \frac{受胎母羊数}{配种母羊数} \times 100\%$$

(三)分 娩 率

分娩率是指分娩母羊占受胎母羊数的百分率。例如，90只受胎母羊中有3只流产、2只死亡，只有85只受胎母羊产羔，其分娩率为94.4%。

$$分娩率 = \frac{分娩母羊数}{受胎母羊数} \times 100\%$$

（四）产羔率

产羔率是指产羔母羊数占分娩母羊数的百分率。例如，85 只分娩母羊产出 255 只羔羊，其产羔率为 300%。

$$产羔率 = \frac{产羔数}{分娩母羊数} \times 100\%$$

（五）羔羊成活率

指在本年度内断奶成活的羔羊数占出生羔羊的百分率。反映羔羊的饲养管理水平。

$$羔羊成活率 = \frac{成活羔羊数}{产出羔羊数} \times 100\%$$

也可指断奶时存活的羔羊数占产活羔羊数的百分率。例如，产活羔羊 255 只，死亡 25 只，到断奶时存活 230 只，其羔羊存活率为 90.2%。

$$羔羊成活率 = \frac{存活羔羊数}{产活羔羊数} \times 100\%$$

（六）繁殖率

繁殖率是指产活羔羊数占适繁母羊数的百分率。例如，产活羔羊数为 255 只，适繁母羊数为 100 只，其繁殖率为 255%。

$$繁殖率 = \frac{产活羔羊数}{适繁母羊数} \times 100\%$$

（七）繁殖成活率

繁殖成活率是指断奶存活的母羊数占适繁母羊数的百分率。

例如,断奶存活羔羊 230 只,共有 100 只适繁母羊,其繁殖成活率为 230%。

$$繁殖成活率=\frac{存活羔羊数}{适繁母羊数}\times 100\%$$

我们从前 5 项公式中可以看出:前一个公式的分子即为后一个公式的分母。因此,应当连续计算,不能缺项。这 5 项计算公式是计算和分析母羊繁殖成绩的基本项目。第六项和第七项公式是反映总体繁殖成绩的项目。所列的计算公式是简便方法,复杂计算方法如下:

繁殖率＝配种率×受胎率×分娩率×产羔率

繁殖成活率＝配种率×受胎率×分娩率×产羔率×羔羊成活率

繁殖成活率＝繁殖率×羔羊成活率

我们不难看出,繁殖率的高低受配种率、受胎率、分娩率和产羔率的影响,所以可以把这 4 项作为影响因子。如果这 4 项指标都高,那么繁殖率也就会高;如果其中有一项或几项较低,繁殖率也会降低。同理,繁殖成活率是受上述 4 项和羔羊成活率制约的。我们通过分析出某项数值较低的原因,继而找出相应的切实可行的办法加以改进,从而提高整个群体的繁殖效率。

四、做好羊群繁殖管理,做到心中有数

统计是生产必不可少的工作,及时准确的统计可以了解羊群生产状况,作为制定计划的依据。实际生产中规模越大不孕不育羊的比例往往越高,因此,规模羊场就要注意保持可繁母羊较高比例,做好繁殖记录。繁殖记录包括配种记录(表 6-3)、产羔记录

（表 6-4）、新生羔羊耳标记录（表 6-5）、母羊产羔档案（表 6-6）和配
种档案（表 6-7）。配种记录是指记录每天配种公羊所配母羊的情
况，通过配种记录可以统计全年配种次数以及公羊的配种能力
等；产羔记录是指记录每天分娩的母羊数量，每只母羊的产羔数
量等，产羔记录可以统计一定周期内产羔母羊数量、胎平均产羔
数、年产羔数等指标；新生羔羊耳标记录是指对新生羔羊编制耳
标，并在出生后用耳标钳打上耳标，新生羔羊耳标记录是记录每
只母羊所生后代的耳标，是血统的重要依据，根据耳标记录可以
查询本场繁殖后代的血统，为选种选配提供基础数据；母羊产羔
档案是指母羊一生产羔的记录，包含胎次、产羔日期、胎产羔数，
可以推算产羔间隔、初产日龄以及利用年限；母羊配种档案是指
每只母羊一生所有配种的记录，包含每次配种的公羊信息、配种
日期，利用母羊配种档案可以观察母羊发情是否规律，产后发情
时间等信息。通过上述统计基本可以判断羊群整体生产水平。
生产数据就是羊群生产水平的晴雨表，因此一定要重视统计工作。

表 6-3 配种记录

日 期	公羊号	母羊号	配种方式	负责人	备 注

表 6-4 母羊产羔记录

日 期	母羊号	产 羔 只 数	只数性别 ♂	只数性别 ♀	成 活 只 数	死 亡 只 数	死 亡 原 因	备 注

表6-5　耳标记录

| 母羊号 | 产羔日期 | 只数性别 | | 种公羊号 | 耳标 | | 打号日期 | 备注 |
		♂	♀		母羔号	公羔号		

表6-6　母羊繁殖产羔档案

| 母羊 | 胎次 | 日期 | 与配公羊 | 总数 | 性别 | | 成活 | 死亡 | 备注 | 胎次 | 日期 | 与配公羊 | 总数 | 性别 | | 成活 | 死亡 | 备注 | 胎次 | 日期 | 与配公羊 | 总数 | 性别 | | 成活 | 死亡 | 备注 |
					♂	♀								♂	♀								♂	♀			

表6-7　母羊配种档案

| 母羊 | 第一次 | | 备注 | 第二次 | | 备注 | 第三次 | | 备注 | 第四次 | | 备注 | 第五次 | | 备注 | 第六次 | | 备注 |
	日期	公羊		日期	公羊		日期	公羊		日期	公羊		日期	公羊		日期	公羊	

第七章 羔羊快速育肥提高经济效益

阅读提示:对于中小型肉羊场,所生羔羊是整个羊场的主要产出,经过羔羊断奶前的护理和培育之后,除需要留种的羊外,利用羔羊早期生长迅速的特点,对羔羊进行快速育肥、快速出栏、加快羊群周转,可获得更好的经济效益。对于产销一体的龙头企业来讲,育肥出栏的羊可以屠宰加工,增加附加值,提高经济效益。

一、选择断奶羔羊育肥,效果最佳效益最大

羔羊育肥是利用羔羊早期生长速度快、饲料报酬高的特点进行快速育肥技术。羔羊在哺乳期内体重增加最快,每日平均可达200克以上,以后随着日龄的增加而逐渐减慢,试验证明,羔羊3月龄体重可达周岁体重的50%,第一年的最后6个月仅为第一年的25%。第一年内,在正常的营养条件下,生长发育非常迅速,其体重可达成年的75%。可见羔羊增重明显,育肥可取得较好效果。羔羊从出生到12月龄期间脂肪生长较慢,但稍快于骨骼,以后生长变快。脂肪的生长顺序是:育肥初期网油和板油增加较快,以后皮下脂肪增长较快,最后沉积到肌纤维间,使肉质变嫩。脂肪沉积的先后次序大致为:出生后先形成肾、肠脂肪,而后生成肌肉脂肪,最后生成皮下脂肪。不同品种类型的羊脂肪沉积情况有所不同,肉用品种的脂肪生成于肌肉之间,皮下脂肪生成于腰部。肥臀羊的脂肪主要聚集在臀部。瘦尾粗毛羊的脂肪以胃肠

脂肪为主。专门化早熟肉用品种当达到屠宰体重时,总脂肪量比乳用品种要高,且早熟品种皮下脂肪含量较高。脂肪沉积与年龄有关,年龄越大则脂肪的百分率越高。

二、羔羊舍饲强度快速育肥技术

(一)育肥类型

根据育肥年龄,肉用羊育肥分为羔羊育肥和成年羊育肥。羔羊育肥是指1周岁以内没有换永久齿的幼龄羊育肥,目前应用较多;成年羊育肥是指成年羯羊和淘汰老弱母羊,通过增加营养,短期达到满膘育肥,主要沉积的是脂肪。

根据育肥强度分强度育肥和常规育肥。强度育肥是指羊只经过短期给予高强度的精饲料进行育肥,使其在短期内增重屠宰上市。强度育肥特点就是利用羔羊生长速度快、饲料转化率高的特点,或成年羊沉积脂肪能力强,通过短期集中强度饲养,实现体重较快增长,获得较好的经济效益;常规育肥是相对于短期强度育肥而言,是指不给予高强度的精饲料,和其他类型的羊一样饲养,不考虑育肥周期,直到体重达到上市标准或者价格较好时出售或者屠宰。

按饲养方式分为舍饲育肥和放牧育肥。舍饲育肥的羊舍可以建造成简易的半开放式羊舍,或利用旧房改造,并应备有草架和饲槽等用具(图7-1)。舍饲育肥的关键是合理配制与利用育肥饲料。

羔羊舍饲强度快速育肥技术是指利用其早期生长速度快、饲料报酬高的特点,限制其运动消耗进行的舍饲育肥,通过饲喂优质牧草和精饲料,最大限度满足其各阶段营养需要,在较短的时

图 7-1 舍饲育肥

期内达到适于屠宰的体重,提高商品羊的个体重、肉质的一种高效育肥技术。舍饲育肥是缺少放牧条件的农区常用的肉羊育肥方式,是牧繁农育的主要生产形式,也是工厂化专业肉羊生产的主要方法,其优点是增重快、饲料转化率高、肉质好、经济效益高。

对于自繁自养场繁育的羔羊,建议采用断奶羔羊强度育肥快速出栏,以便减少雇佣人员,空出圈舍,加快资金周转,获得经济效益。

(二)育肥羊舍的要求

羔羊育肥舍特点:为了羔羊在尽量短的时间获得较大增重,要适当限制羔羊的运动量,羔羊占舍面积为 1 米²/只,而不断减少羔羊的密度。

羔羊育肥舍类型:可分为地面育肥舍和高床式育肥舍。地面育肥是指在地上直接饲养育肥羊,成本低,但夏季潮湿,圈舍脏;高床式育肥是羊舍高出地面 50～80 厘米,使用漏缝地板,羊粪尿通过漏缝地板进入床下,羊体干净卫生,但造价高。

(三)育肥羊要求

育肥羊可分为地方品种育肥和杂交羊育肥两种。地方品种羊育肥增重较杂交羊慢，因此尽量选择杂交羔羊。自繁自养场，可利用地方品种与肉用羊杂交一代育肥。

育肥羊年龄不同育肥饲料和育肥期也不同，最好选择羔羊育肥。育肥羔羊年龄为 2.5～3 月龄，育肥时间长，一般在 3～4 个月；4～5 月龄羔羊，育肥时间短，一般在 2～3 个月即可出栏。

育肥羊性别影响育肥效果，公羔增重好于母羔，羔羊育肥时间短，一般 6 月龄左右就出栏，不需要去势，而公羔雄性激素可促进生长速度，所以经济效益明显。

(四)育肥饲料的要求

羔羊育肥要求在较短的时间获得较大的增重，因此日粮营养水平高而且平衡。育肥饲料由青粗饲料、农业加工副产品和精料补充料组成，常见饲料有干草、青草、树叶、作物秸秆，各种糠、糟、油饼、食品加工糟渣等。育肥期 2～3 个月。育肥初期以青粗饲料为主，占日粮的 60%～70%，精料占 30%～40%；育肥后期加大精饲料饲喂量，占日粮的 60%～70%。为了提高饲料的采食量和消化率，各种饲料要进行必要的加工，如秸秆可进行氨化或微化处理，青干草铡短，精饲料进行粉碎混合，有条件的可加工成颗粒饲料。

(五)育肥羊的饲养管理

整个育肥期过程中，应经常观察羊群精神状态、食欲、粪便等，发现异常及时处理，喂料时应有所侧重，根据羊只大小、采食情况投喂。同一批育肥羊，不同的饲养员育肥效果会有差别，可见饲养管理看似简单，其实很有学问，除技术操作外，责任心和细心尤为重要。

每天早晨和傍晚将精料与草粉混合拌匀饲喂，保证槽内始终有草料和充足饮水。按照槽内草料剩余情况灵活掌握喂量。育肥开始和结束时空腹称重。粗饲料主要是优质草粉，如花生秧、红薯蔓、豆秸等，精饲料建议由浓缩料添加玉米和麸皮构成。

　　饲喂方法一种是可以让饲槽内一直保持有草粉和精料，让羊自由采食。另一种是每天饲喂 2 次，每次投喂量以羊 30～45 分钟吃完为准，饲料发霉变质不得饲喂。育肥羊必须保证清洁充足的饮水，多饮水有助于降低消化道疾病、肠毒血症和尿结石的发生，同时可获得较高的增重，每只羊每天的饮水量随气温而变化，通常气温在 12℃时为 1.0 千克，15℃～20℃时为 1.2 千克，20℃以上时为 1.5 千克。冬季不得饮雪水或冰水，定期清洗消毒饮水设备。

　　(1)育肥前期　育肥前期即育肥准备适应阶段，一般为 15 天左右。在这个阶段主要是让羊适应强度育肥的日粮、环境以及管理。总的原则是为中后期强度逐渐加大做好准备。前 2 天喂给易消化的干草或草粉，不给或给少量精饲料，供应充足的饮水。从管理上进行剪毛和注射疫苗等工作。第 3 天注射口蹄疫疫苗，第 6 天皮下注射羊痘疫苗，第 9 天注射伊维菌素驱虫，第 10～13天拌料喂健胃散。精饲料主要是由羔羊料逐渐替换为育肥饲料，粗饲料由苜蓿或优质干草、花生秧、红薯秧等组成。在春季疾病多发期，各种微生物活动频繁，因此春季育肥要注意传染病以及呼吸道疾病，在大群育肥时，要拌料饲喂预防呼吸道的药，如泰乐菌素。实践证明，药物饲料添加可以有效预防呼吸道疾病。

　　(2)育肥期　这个阶段是育肥增重的重要时期，要视羊采食、被毛情况、精神状态、增重上膘情况，调整精饲料的比例，如果增重较快，粪便正常，可以提高玉米等能量饲料的比例。精饲料比例增加，个别羊会出现消化不良、腹泻等现象，还会发生结石病。尿道结石不容易治愈，采取手术方法成本高，因此建议直接淘汰。在育肥结束前几天要观察羊的采食情况，由于精饲料比例加大以及采食量增多,可能会出现腹泻现象;同时,留意市场行情,如价格合适,羊体重达到40～45千克即可出售或屠宰。夏季育肥,由于气温高,要注意防暑降温,饲喂时间做一定的调整,伏天在早晚凉快的时候饲喂;专业化育肥场群体比较大,减少圈舍饲养密度,天热时羊有扎堆的现象,就是天气越热越喜欢扎到一起,注意疏散;有的羊舍用石棉瓦或彩钢板搭建,夏天舍顶被晒透,羊舍闷热,必须采取降温措施,如安装排风扇或电扇,洒水、喷水降温并保持水槽里面不能断水。

三、育肥注意事项

(一)选择育肥日粮

育肥日粮应根据本地饲草资源确定,总的原则是一定要有粗饲料,在粗饲料为基础日粮的条件下,选择精料补充料。在粗饲料选择方面,应主要根据本地饲草资源,也可利用一些非常规粗饲料如酒糟、菌类、食品加工下脚料等;精饲料要根据育肥规模和有无自配料技术和设备来考虑。商品化育肥饲料,分为预混料添加剂、浓缩料和全价饲料,预混料按添加比例一般分为1％或4％,选用预混料一般应具备饲料加工能力,对于中小规模育肥场建议采用购买浓缩料。浓缩料一般在全价料中比例为30％～40％,其他由能量饲料补充。在初次育肥或经验不足的饲养者可以选择全价料,无须添加其他饲料,可直接饲喂。

(二)把握育肥周期和出栏时机

育肥周期和出栏时机是影响经济效益的重要因素,即使增重速度很快,饲料转化率很高,如果育肥时间掌握不好,出栏时机不恰当也会影响利润获得。一般 4～5 月龄的育肥羊经过 2 个多月的强度育肥可达到 40 千克左右,膘情达到出栏程度,日增重达250～300 克。但还要看市场行情,有时赶在节前提前几天出栏可能利润不减,实践中有的育肥效果不错,但没有把握好出栏时机,错过行情最佳时期,结果经济效益不理想。一般在春节前或者从进入冬季之后,羊肉需求加大,活羊价格上涨,一直涨到春节,因此要关注市场行情,把握好最佳出栏时机。

(三)注意避免突然更换饲料

变换饲料时要有过渡期,绝不能在 1～2 天全部改喂新饲料,精饲料的变换,要以新旧搭配,逐渐加大新饲料比例,3～5 天全部换完;粗饲料换成精饲料,应坚持精饲料逐渐增加的方法。育肥期间日粮不提倡变动过大;日粮可以精、粗饲料分开饲喂,也可以混合饲喂,由于混合均匀,品质一致,饲喂效果更好;日粮制成粉状粒状或颗粒饲料,粉状饲料中的粗饲料要适当粉碎,粒径 1～1.5 厘米,饲喂时应适当拌湿。颗粒料粒径为:羔羊 1～1.3 厘米,大羊 1.8～2.0 厘米。颗粒饲料可提高采食量,减少饲料浪费。

(四)保证充足干净的饮水

多饮水有助于降低消化道疾病和尿结石的发生率,同时可获得较高的增重。除在日粮搭配上多增加一些多汁饲料外,还要饮水充足,不要给羊饮冰碴水,如有条件尽量给温水,给羊饮温水一方面可以促进消化,另一方面可以减少体内能量消耗。虽然冬季羊需水量减少,但每天至少应给羊饮 2 次水,长时期缺水,羊会出现厌食,处于亚健康状态,特别是育肥羊,日粮精料比例较大,更需要增加饮水次数。一般大规模育肥羊,要单独设立水槽,如白天气温在 0℃ 以上,可以保持水槽有水,夜间将水槽清空;如果白天气温在0℃以下,饮完后要将剩余的水排掉,否则水槽内水会结冰。生产中应在饲喂后1小时饮羊,使水和草料在羊瘤胃内充分混合,有助于消化。

(五)保持圈舍卫生注意防病治病

搞好羊舍卫生,勤换垫料,使羊舍干燥,运动场应干燥不泥泞,可以铺一些干燥沙子,特别是在寒冷季节,尽量减少羊舍地面上存水。

在春季疾病多发期,各种微生物活动频繁,因此春季育肥要注意传染病以及呼吸道疾病,在大群育肥时,要拌料饲喂预防呼吸道的药,如泰乐菌素。实践证明,饲料添加药物可以有效预防呼吸道疾病。

冬季天气寒冷,病原微生物活动减少,腹泻、传染病等疾病发生率减少,容易放松警惕,病原微生物在冬季潜伏,如果冬季做不好防疫,羊体内没有免疫力或免疫水平较低,当春季到来时,病原很容易侵入羊体内,暴发传染病。

第八章　预防为主做好疾病防控

　　阅读提示:疾病防控是肉羊养殖效益的保障,在这一章内容中,介绍了一些疾病发生特点、防控策略,预防措施,常用药物和用药方法,以及常见疾病的诊断防治方法。在疾病防控上应树立"养重于防、防重于治"的理念,加强预防,正确诊断治疗,正确使用药物、不滥用抗生素。

一、肉羊疾病特点

　　我国传统的肉羊饲养方式是小规模分散饲养,随着消费市场的扩大和设施养殖技术的提高,规模养殖与传统的饲养方式相比,其特点是规模大、数量多、饲养密集、周转快、与市场交往频繁,管理上要求科学先进。这种饲养模式下,羊病的发生也出现了新的特点。

(一)发病率、死亡率高

　　集约化养羊生产中引起发病和死亡的常见原因,一是为扩大生产盲目补栏,羊的流动性很大,由于检疫意识淡薄,引进时不检疫致使羊场不时受到外来病原的侵袭而暴发疫病;二是羊发生疾病时盲目用药治疗,尤其是滥用抗生素,造成细菌产生耐药性,一旦羊群中某些个体抵抗力低下或遇到应激时,就可引起传染病的发生和流行;三是从业人员业务素质偏低,缺乏相关专业知识,集约化饲养管理经验不足,对大规模控制疫病的认识不够,不能严格执行卫生防疫制度等,导致疫病发生。

(二)疫病的种类多,防治难度大

一是病毒性疾病是养羊生产中最主要的威胁;二是细菌性疾病和寄生虫病的危害加大,随着集约化养殖的不断扩大,环境污染越来越严重,加之滥用药物导致的细菌、寄生虫的抗药性产生,使得细菌性疾病和寄生虫病明显增多;三是疫病的行政监管乏力,随着大量羊只的引进,导致一些当地少发生或未发生的疫病传入。

(三)饲养方式及环境改变导致的疾病增多

一是建场选址及羊舍建设不合适,运动场地不足,光照不够,饲养密度高,各类羊混群饲养,导致佝偻病、小羊踩伤等。二是肉羊养殖多为圈养,饲料配比做不到营养全面,精料、粗料搭配不合理,出现营养性疾病和消化系统疾病等。三是圈养羊舍及场地潮湿、泥泞,日常清扫消毒不到位,病原微生物消杀不彻底,疫病长期不断出现。

二、肉羊疾病的预防措施

疫病的防控策略:一是要提高"预防为主、防重于治"的思想意识。建立预防为主、防检结合、以检促防的综合配套的防制工作运行机制;二是制定适合本场具体情况的兽医防疫措施,确定科学的疫病防控免疫和用药程序,降低疫病的发病率和死亡率;三是控制环境污染,实行生物安全措施,逐步推行"全进全出"的饲养方式,并对羊舍羊圈进行彻底的清洗、消毒,严格限制人员、动物和运输工具的流动;四是对病、死羊要严格无害化处理,防止疫病扩散;五是严格检疫、监测和日常的消毒工作,防止疫病传入;五是最大限度地减少细菌性疾病及寄生虫病造成的损失,关键是强化饲养管理,做好隔离、消毒、卫生、防疫工作,采用合理的投药方法和科学的免疫程序;六是严格控制外来疫病的传入。

(一)加强饲养管理

舍饲肉羊采取圈养的方式,疾病发生与饲养管理有很大关系,因此疫病预防首先应做到羊舍建设要科学,控制饲养密度,舍内、外应有适度的运动空间。羊舍要保持清洁、干燥通风、冬暖夏凉。防止饲草、饲料发霉变质,饲喂新鲜清洁的饲料,保证清洁新鲜的饮水。

(二)提倡自繁自养

疫病防疫是一个系统工程,养殖尽量做到自繁自养,育肥羊做到全进全出,对准备引进的羊就地进行检疫,确认无疫病方可调入;对运回的羊进行隔离检查,观察是否有病,确定无病时,才可混入原有羊群。每年应对羊群进行布鲁氏菌病的定期检测,及时检出并淘汰病羊,防止人兽共患病的传播。

(三)搞好环境卫生

环境卫生与疫病的发生有密切关系。环境污秽,有利于病原体的滋生和疫病的传播。因此,羊舍、羊圈、场地及用具应保持清洁、干燥。每天清除圈舍、场地的粪便及污物,将粪便及污物堆积发酵灭菌。

羊场禁止养狗,以免造成寄生虫病的传播。老鼠、蚊、蝇等是病原体的宿主和携带者,能传播多种传染病和寄生虫病,应清除羊舍周围的杂物、垃圾及乱草堆等,填平死水坑。

(四)做好消毒工作

建立完善的消毒制度,定期对羊舍、活动场地及用具、废弃物、污水等进行消毒,粪便及污物要做到及时清除,堆积发酵,杀灭粪污中的病原菌、寄生虫及虫卵。预防消毒是消灭外界环境中的病原体、切断传播途径、防御疫病的必要措施。

1. 羊舍消毒 一般分两个步骤:第一步先进行机械清扫;第二步用消毒液消毒。消毒液的用量以每平方米面积用 1 升药液计算。常用的消毒药有 10%～20% 石灰乳溶液、10% 漂白粉溶液、0.5%～1% 二氯异氰尿酸钠溶液和 0.5% 过氧乙酸溶液等。消毒方法是将消毒液盛于喷雾器内,先喷洒地面,然后喷墙壁,再喷天花板,最后打开门窗通风,用清水刷洗饲槽、用具,将消毒药味除去。在一般情况下,每年可进行 2 次彻底消毒(春、秋各 1 次)。产房的消毒在产羔前进行,产羔高峰时消毒多次,产羔结束后再消毒 1 次。在病羊舍、隔离舍的出入口处应放置浸有消毒液的麻袋片或草垫,消毒液可用 2%～4% 氢氧化钠(针对病毒性疾病)。

2. 地面土壤消毒 土壤表面消毒可用含 2.5% 有效氯的漂白粉溶液、4% 福尔马林或 10% 氢氧化钠溶液。停放过芽孢杆菌所致传染病(如炭疽)病羊尸体的场所,应严格消毒。首先用上述漂白粉溶液喷洒地面;然后将表层土壤掘起 30 厘米左右,撒上干漂白粉混合,将此表土妥善运出深埋;其他传染病所污染的地面土壤,可先将地面翻一下,深度约 30 厘米,在翻地的同时撒上干漂白粉(用量为每平方米 0.5 千克);然后以水洇湿,压平。

3. 粪便消毒 羊的粪便消毒方法有多种,最实用的方法是生物热消毒法,即在距羊场 100～200 米以外的地方设一堆粪场,将羊粪堆积起来,上面覆盖 10 厘米厚的泥土或盖塑料布,堆放发酵 30 天左右,即可用作肥料。

4. 污水消毒　最常用的方法是将污水引入污水处理池,加入化学药品(如漂白粉或生石灰)消毒。消毒药的用量视污水量而定,一般 1 升污水用 2～5 克漂白粉。

5. 皮毛消毒　患炭疽、口蹄疫、布氏杆菌病、羊痘、坏死杆菌病等的羊皮毛均应消毒,应当注意,发生炭疽时,严禁从尸体上剥皮。皮毛消毒,目前广泛利用环氧乙烷气体消毒法。消毒时必须在密闭的专用消毒室或密闭良好的容器(常用聚乙烯薄膜制成的篷布)内进行。此法对细菌、病毒、霉菌均有良好的消毒效果,对皮毛等产品中的炭疽芽孢也有较好的消毒作用。

(五)做好无害化处理和隔离消毒

一旦发现患病羊应及时诊断,明确病因后合理用药,防止盲目用药,贻误病情,造成药物耐受而达不到治疗效果,错过最佳治疗时间或导致疾病蔓延。没有治疗价值的病羊、死羊的尸体要进行无害化处理,不得随意抛弃。发生口蹄疫、羊痘等一类传染病时,应立即报告有关部门,划定疫区,采取严格的隔离封锁措施,并组织力量尽快扑灭。

(六)科学免疫

有计划地对健康羊群进行免疫接种,是预防和控制羊传染病的重要措施之一。各地区、各羊场可能发生的传染病各异,而可以预防这些传染病的疫苗又不尽相同,免疫期长短不一。因此,羊场要根据各种疫苗的免疫特性和本地区的发病情况和规律、羊场的病史、羊的日龄和饲养管理条件以及疫苗的相互干扰等多种因素制定出科学合理的免疫程序。所制定的免疫程序还应根据疫病流行特点、羊群动态等情况，对免疫程序及时进行修改和补充，并根据免疫程序定期接种疫（菌）苗。各种生物制品的具体保存和使用方法，应严格按照各制品瓶签或说明书上的规定执行。

（七）定期驱虫和药物预防

羊寄生虫病发生较普遍。患羊轻者生长迟缓、消瘦、生产性能严重下降，重者可危及生命，所以羊生产中必须重视驱虫药浴工作。驱虫时机要根据本场或当地羊寄生虫病的发病规律而定，一般可在每年春、秋各安排 1 次，这样有利于羊的抓膘及安全越冬；药浴则于每年剪毛后 10 天左右进行 1 次，这样可较好控制体内外寄生虫病的发生。常用驱虫药的种类很多，如有驱除多种线虫的左旋咪唑，可驱除多种绦虫和吸虫的吡喹酮，能驱除多种体内蠕虫的阿苯哒唑、芬苯哒唑等，以及既可驱除体内线虫又可杀灭多种体表寄生虫的伊维菌素、碘硝酚等，又有预防和治疗羊焦虫病的血虫净等。所以在实践中，应根据当地羊体寄生虫病流行情况，选择合适的药物和给药时机、给药途径。使用驱虫药时，要求剂量准确。驱虫过程中发现不良反应的羊，应对症治疗，及时解救出现毒、副作用的羊。

对于无疫苗可用或虽有疫苗，但在生产应用中预防效果不是很理想的传染病以及常见的寄生虫病，可有针对性地选择适当的药物进行预防。对细菌性疾病应该通过药敏试验有针对性地选择高疗效、安全性好的药物用于预防，切不可滥用药物。要保证用药的有效剂量，以免产生耐药性，用药剂量过大，造成药物浪费，还可引起副作用；用药剂量不足，用药时间过长，不仅达不到药物预防的目的，还可能诱导细菌对药物产生耐药性。羊场进行药物预防时应定期更换不同的药物，注意药物配伍禁忌，选择最合适的用药方法；要考虑羊的品种、性别、年龄与个体差异；注意药物的休药期,临近出栏的羊严格控制使用药物,必须达到休药期以后再出栏。药物预防要根据羊场与本地区羊病发生的种类和流行特点、季节等,制定一个科学合理的预防用药方案,选用一定的药物和剂量组合,在养羊生产过程中疫病易发阶段预防性使用。

(八)严格执行检疫制度

检疫是应用各种诊断方法(临床的、实验室的)对羊及其产品进行疫病(主要是传染病和寄生虫病)检查,并采取相应的措施,以防止疫病的发生和传播。为了做好检疫工作,必须有一定的检疫手续,以便在羊流通的各个环节中,做到层层检疫,环环扣紧,互相制约,从而杜绝疫病的传播蔓延。羊从生产到出售,要经过出入场检疫、收购检疫、运输检疫和屠宰检疫,涉及外贸时,还要进行进出口检疫。出入场检疫是所有检疫中最基本最重要的检疫,只有经过检疫而未发现疫病时,方可让羊及其产品进场或出场。羊场或养羊专业户引进羊时,只能从非疫区购入,经当地兽医检疫部门检疫,并签发检疫合格证明书;运抵目的地后,再经本场或专业户所在地兽医验证、检疫并隔离观察1月以上,确认为健康者。没有注射过疫苗的还要补注疫苗,经驱虫、消毒后方可混群饲养。羊场采用的饲料和用具,也要从安全地区购入,以防疫病传入。

(九)四季疾病防治要点

1. 春季 春季气候变化无常,羊群易患感冒而引发肺炎,处理不当,会造成较大损失,因此羊场应该重点防范。措施是密封窗应根据天气情况关闭,对感冒引起的发热应及时治疗。定期进行羊舍消毒,做好羊四联苗、羊痘、传染性胸膜肺炎疫苗等预防接种工作。

2. 夏季 以脑脊髓丝虫病为主的线虫病在夏季危害比较大，应定期进行驱虫，原则上 6～9 月份要搞 2 次驱虫，药物可选用伊维菌素等比较先进的驱虫药物。定期控制羊蜱，可采取药浴、药洗的办法，减少羊蜱的寄生。羊传染性脓疱，夏季不注意防治，很容易引起流行，该病主要表现口腔溃疡、糜烂，以 1～3 月龄羊发病率较高，目前还没有有效的治疗药物，疫苗防疫效果不佳，防范应加强羊的饲养管理，勤消毒，早发现，早隔离治疗，防止羊闷圈，闷圈是一种在高热高湿条件的羊易患的一种综合病症，患羊主要表现阵阵湿咳、间歇性、顽固性痢疾，羊只逐渐瘦弱死亡，治疗效果一般不佳，主要靠预防，措施上搞好防暑降温，注意羊舍的通风，闷热条件下防止羊淋湿被毛，淋湿被毛的羊舍内休息避免过分拥挤等。

3. 秋季 秋季阳光照射时间较短，天气渐冷，控制疥癣需要及早防治，用阿维菌素连续 2 次皮下注射、杀螨灵或 2‰ 敌百虫每10 天喷洒羊舍和运动场，这些都是治螨的有效措施。做到秋季的防疫工作，在做好羊四联疫苗、布鲁氏菌病、羊痘疫苗等常规疫苗防疫的同时，重点做好口蹄疫的免疫接种，强调 20 天间隔后加强免疫 1 次。

4. 冬季 冬季羊舍为了保温，羊舍的门窗封闭得很严实，必然导致舍内氨气浓度的提高，容易发生羊传染性结膜炎。为防止该病的发主，首先羊舍要勤打扫，晴天让羊多晒太阳，舍内要适当通风，定期排出氨气，发病后及时治疗，防止疾病蔓延。勤观察，防止羊瘤胃臌气，发生臌气可采用投服鱼石脂进行治疗，臌气严重的可用胃导管导气或套管针头放气，但要注意放气方法。预防羊只消化不良，主要预防措施为粗饲料干湿搭配，饮水要加温后饮用，精料定量。

三、肉羊常用疫苗及其免疫方法

根据当地传染病发生的情况和规律,有针对性地、有组织地搞好疫苗注射防疫,是预防和控制羊传染病的重要措施之一。目前,我国用于预防羊主要传染病的疫苗有以下几种:

1. 无毒炭疽胞苗　预防羊炭疽。皮下注射 0.5 毫升,注射后 14 天产生免疫力,免疫期 1 年。

2. 布鲁氏菌苗　预防羊布鲁氏菌病。臀部肌内注射 0.5 毫升(含菌 50 亿);阳性羊、3 月龄以下羔羊和妊娠羊均不能注射。饮水免疫时,用量按每头羊服 200 亿菌体计算,2 天内分 2 次饮服;免疫期,绵羊 1 年半,山羊 1 年。

3. 羊三联苗　预防羊快疫、猝狙、肠毒血症。成年羊和羔羊一律皮下或肌内注射 5 毫升,注射后 14 天产生免疫力,免疫期半年。

4. 羔羊痢疾苗　预防羔羊痢疾。妊娠母羊分娩前 20～30 天第一次皮下注射 2 毫升;第二次于分娩后 10～20 天皮下注射 3 毫升。第二次注射后 10 天产生免疫力。免疫期母羊 5 个月。经乳汁可使羔羊获得母源抗体。

5. 羊传染性胸膜肺炎氢氧化铝苗　预防由丝状支原体山羊亚种引起的羊传染性胸膜肺炎。皮下注射,6 月龄以下的羊 3 毫升,6 月龄以上的羊 5 毫升,注射后 14 天产生免疫力,免疫期 1 年。

6. 羊肺炎支原体氢氧化铝灭活苗　预防绵羊、山羊由绵羊肺炎支原体引起的传染性胸膜肺炎。颈侧皮下注射,成年羊 3 毫升,半岁以下幼羊 2 毫升,免疫期可达 1 年半。

7. 羊痘鸡胚化弱毒苗　预防绵羊痘,也可用于预防山羊痘。

冻干苗按瓶签上标明的疫苗量，用生理盐水 25 倍稀释，振荡均匀，无论羊大小，一律皮下注射 0.5 毫升，注射后 6 天产生免疫力，免疫期 1 年。

8. 口蹄疫苗预防口蹄疫 母羊产后 1 个月，羔羊出生后 1 个月皮下注射 1 毫升或按说明进行，注射 14 天后产生免疫力。免疫期半年。

免疫接种须按合理的免疫程序进行。各地区、各羊场可能发生的传染病不止一种，而可以用来预防这些传染病的疫苗的性质又不尽相同，免疫期长短不一。因此，羊场往往需用多种疫苗来预防不同的病，也需要根据各种疫苗的免疫特性来合理地安排免疫接种的次数和间隔时间，即所谓的免疫程序。羊的免疫程序，只能在实践中总结经验，制订出适合该地区、该羊场具体情况的免疫程序。

四、肉羊疾病的诊断技术

羊的正常体温为 38℃～39.5℃，羔羊高出约 0.5℃。健康羊的脉搏数为 70～80 次/分，健康羊的呼吸频率为 12～20 次/分，正常成年羊瘤胃左侧肷窝稍凹陷，瘤胃收缩次数为 2～4 次/分钟，听诊瘤胃蠕动声音类似远处的雷声。

羊病的种类很多，主要包括传染病、寄生虫病和普通病三大类。传染病的特点是传播快，发病急，常常引起羊的大批死亡；寄生虫病的危害也很大，能使多数羊发病，有些寄生虫病可造成羊的大批死亡，有些则导致慢性消耗，其带来的经济损失不亚于传染病；饲养管理不当，常导致一些普通病的发生，如内科病、外科病、中毒性疾病等，多为零散发生，虽无传染性、侵袭性，但也会造成一定的经济损失。因此，对疾病做出及时快速的诊断是治疗和防控疫病蔓延的重要措施。

　　羊病诊断技术包括临床诊断和实验室诊断。临床诊断时,羊的数量较多,应先做群体检查,从羊群中先剔出病羊和可疑羊,然后再对其进行个体检查。

　　群体检查时要通过运动、休息和采食饮水三种状态的观察,运用"问诊、视诊、嗅诊、触诊、听诊、叩诊"的方法,把病羊从羊群中检查出来。

　　运动时的检查,是在羊群的自然活动和人为驱赶活动时,从不正常的动态中找出病羊。休息时的检查,是在羊群安静的情况下,进行看和听,以检出姿态和声音异常的羊。采食饮水时的检查,是在羊自然采食、饮水时检出采食、饮水有异常表现的羊。"三态"的检查可根据实际情况灵活运用。

　　对检出的异常羊要通过问诊、视诊、听诊、触诊以及病理剖检的手段对疾病做出初步判断。

　　问诊:内容应尽可能地详细,通过询问饲养员,了解羊发病的有关情况,包括存栏、月龄、免疫情况、饲养管理、饲料、发病时间、发病只数,病前病后的表现、病程、病史、治疗效果,对以上信息进行综合分析。

　　视诊(望诊):是对羊的群体状况、肥瘦、被毛、步态及羊的皮肤、黏膜、粪尿等进行观察,发现异常,进行分析。

　　嗅诊:嗅闻羊群及个体有无异味,注意羊只分泌物、排泄物、呼出气体及口腔有无异味。如肺坏疽时,鼻液带有腐败性恶臭;胃肠炎时,粪便腥臭或恶臭;消化不良时,呼气酸臭味等。

　　触诊:是用手感触被检查的部位,并加压力,以便确定被检查的各器官组织是否正常。如用手摸羊耳朵或插进羊嘴里握住舌头,初步断定体温。

　　听诊:用耳或听诊器来探听羊身体各部位发出的声音,用听觉来判断是否正常。多用于听心音、呼吸音等。注意声音的频率高低、强弱、间隔时间、杂音等。如心音增强,见于热性病的初期;心音减弱,见于心脏功能障碍的后期或患有渗出性胸膜炎、心包炎。

叩诊:用手或叩诊锤叩击羊体某部位,使之振动而产生声音,根据振动和声音的音调特点来判断被检查部位的脏器状态有无异常。如当羊胸腔积聚大量渗出液时,叩打胸壁会出现水平浊音界。

通过上述的临床检查手段可以对疾病做出初步判断,必要时采取相应病料检材进行实验室诊断。

五、肉羊主要传染病防制

传染病是由病原微生物侵入羊体,能在个体及群体间互相传播的一类病。包括由病毒、细菌、支原体、衣原体、真菌等引起的各种传染病。如由病毒引起口蹄疫、羊痘等,由细菌引起布氏杆菌病等。

(一)口蹄疫

口蹄疫是由口蹄疫病毒引起的偶蹄类动物共患的急性、热性、高度接触性传染病。其临床特征是患病动物口腔黏膜、蹄部和乳房发生水疱和溃疡,在民间俗称"口疮"、"蹄癀"、"烂舌症"、"烂蹄瘟",山羊、绵羊都可感染。

1. 病原和流行特点 病原体为口蹄疫病毒。病毒具有较强的环境适应性,耐低温,不怕干燥;对酚类、酒精、氯仿等不敏感,但对日光、高温、酸碱的敏感性很强。常用的消毒剂有 2% 氢氧化钠溶液,20%～30% 的草木灰水,1%～2% 甲醛溶液,0.2%～0.5% 过氧乙酸和 4% 碳酸氢钠溶液等。

主要传染源为患病羊。主要是通过消化道和呼吸道传染，也可以经眼结膜、鼻黏膜、乳头及皮肤伤口传染。犬、猫、鼠、吸血昆虫及被污染的人的衣服、鞋、生产用具等也能传播。

2. 症状 潜伏期为 1～7 天，平均 2～4 天。主要症状是体温升高，精神沉郁，拒食或食欲废绝，脉搏和呼吸加快。口腔、蹄、乳房等部位出现水疱、溃疡和糜烂。严重病例可在咽喉、气管、前胃等黏膜上发生圆形烂斑和溃疡，上盖黑棕色痂块。绵羊蹄部症状明显，口黏膜变化较轻。山羊症状多见于口腔，呈弥漫性口黏膜炎，水疱见于硬腭和舌面，蹄部病变较轻。病羊水疱破溃后，体温即明显下降，症状逐渐好转。哺乳羔羊特别容易得病，多发生出血性胃肠炎，也可能发生恶性口蹄疫，由于急性心脏麻痹而死亡，死亡率可达 20%～50%。

3. 防制 口蹄疫属于一类动物传染病，任何单位和个人发现家畜有上述临床异常情况的，应及时向当地动物防疫监督机构报告。本病发病急、传播快、危害大，必须严格搞好综合防治措施。按照国家规定实施强制免疫，饲养场（户）必须严格按照免疫程序实施免疫。

（二）羊　痘

羊痘是由羊痘病毒引起的一种急性、热性、接触性传染病。分布很广，俗称"羊天花"，对养羊业危害极大，也能传染给人。绵羊易感性比山羊大，羔羊的死亡率高。其临床特征是由丘疹到水疱，再到脓疱，最后结痂。

1. 病原和流行特点 引起绵羊发病的为绵羊痘病毒、山羊为山羊痘病毒，不能相互传染。病毒的抵抗力很强。生产中常用的消毒剂为 3% 石炭酸、2% 福尔马林、2% 热火碱溶液、30% 热草木灰水或 20% 石灰水。

一年四季均可发生,但以春秋两季比较多发,传播很快。病的主要传染源是病羊,传染途径为呼吸道、消化道和受损伤的皮肤。病愈的羊能获得终身免疫。

2. 症状 潜伏期一般为 6～8 天,但可短至 2～3 天,长达 15～20 天。在临床表现上绵羊和山羊基本相同,但也有不同之处。

典型特征:病羊体温升至 40℃ 以上,2～5 天后在皮肤上可见明显的局灶性充血斑点,随后在腹股沟、腋下和会阴、甚至全身,出现红斑、丘疹、结节、水疱,严重的可形成脓疱。

绵羊痘病初体温升高至 41℃～42℃,精神委顿,食欲不振,脉搏及呼吸加快,间有寒战。手压脊柱时,有严重的疼痛表现,尤以腰部最明显。眼结膜及鼻黏膜充血,轻度发炎。持续 1～2 天后在无毛区或少毛区(如头部、眼周围、鼻翼、口唇、四肢的内侧、乳房区及胸腹部)发生红色圆形斑点,在斑点上很快形成结节,呈圆锥形(丘疹)。数日之后,丘疹内部逐渐充满浆液性的内容物变成水疱。水疱通常扁平,中间凹下,其内容物经过 2～3 天变为脓性,即由水泡期转为脓疱期,此时体温重新升高。脓疱再逐渐破裂,变为褐色的痂。痂经过 4～6 天而脱落,遗留红色瘢痕。

但实践中常遇到以下各种不典型的症状:只呈呼吸道及眼结膜的卡他症状,并无痘的发生;丘疹并不变成水疱,数日内脱落而消失;脓疱特别多,互相融合而形成大片脓疱,即形成融合痘;有时水疱或脓疱内部出血,羊的全身症状剧烈,形成溃疡及坏死区,称为黑痘或出血痘;若伴发整块皮肤的坏死及脱落,则称为坏疽痘,此型痘通常引起死亡。

任何单位和个人发现患有羊痘或疑似羊痘的病羊,都应当立即向当地动物防疫监督机构报告,按国家有关规定执行。

3. 防制 加强饲养管理,增强羊的抵抗力,引进羊只严格检疫。对流行地区的健康羊,每年定期注射疫苗。一旦发病,应认真施行隔离、封锁和消毒,并采取相应措施。

(三)羊传染性脓疱

羊传染性脓疱俗称"羊口疮",是一种由病毒引起的传染病。以口唇、舌、鼻、乳房等部位形成丘疹、水疱、脓疱和结成疣状(桑葚状)结痂为特征,传播速度快,流行广泛。对羔羊危害大,影响其生长发育。

1. 病原和流行特点 羊传染性脓疱病毒,存在于疱疹内和痂皮块中,对外界环境的抵抗力较强,干痂在夏季阳光下暴露 30～60 天才丧失传染性。常用的消毒药有 2%氢氧化钠溶液、10%石灰乳、20%热草木灰水。

病羊和带毒羊是主要传染源。本病无明显的季节性,但以春夏季发病较多。主要通过接触传染。山羊和绵羊均可发病,以3～6 月龄的羔羊和幼羊最为易感,常呈群发性流行,羔羊发病率可高达 100%,成年羊多为散发。人和猫也可感染发病。由于病毒的抵抗力强,羊群一旦被感染则不易清除,可被持续危害多年。

2. 症状 病羊以口唇部感染为主要症状,首先在口角、上唇或鼻镜上发生散在的小红斑点,以后逐渐变为丘疹、结节,继而形成水疱或脓疱,蔓延至整个口唇周围及颜面、眼睑和耳部等,形成大面积具有龟裂、易出血的污秽痂垢,痂垢下肉芽组织增生,嘴唇肿大外翻呈桑葚状突起。口腔黏膜也常受损害,黏膜潮红,在口唇内面、齿龈、颊部、舌及软腭黏膜上发生水疱,继而发生脓疱和烂斑。若伴有继发感染,则恶化成大面积的溃疡,深部组织坏死,口腔恶臭。病羊由于疼痛而不愿采食,表现流涎、精神不振、食欲减退或废绝、反刍减少、被毛粗乱无光、日渐消瘦。

绵羊可在蹄叉、蹄冠出现痘样湿疹。从丘疹-扁平水疱-脓疱,直至破裂后形成溃疡。有继发感染时即成为腐蹄病。

哺乳母羊的乳房也可能同样患病,主要是由于被吃奶的羔羊咬伤而感染。

3. 防　制

预防:不从疫区购买羊只和畜产品,做好引种时的检疫消毒工作,发病时做好污染环境的消毒,特别注意羊舍、饲养用具、病羊体表和蹄部的消毒。加强饲养管理,保护黏膜、皮肤不发生损伤。流行地区,用羊口疮弱毒疫苗进行免疫接种。严格按照疫苗使用说明书使用。

治疗:首先隔离病羊,对圈舍、运动场进行彻底消毒。给病羊柔软、易消化、适口性好的饲料,保证充足的清洁饮水。

将病羊的痂垢剥除干净,用淡盐水或0.1%高锰酸钾水充分清洗创面,然后选用冰硼散、雄黄散、脱腐生肌散或青黛散涂抹,也可以碘甘油(5%碘酊与甘油1∶9)涂擦患处每日1次,连用3天。病的初期可以用民间验方白酒蜂蜜混合涂抹患部。

如有继发感染可选用抗生素辅助治疗。

(四)炭　疽

炭疽病是由炭疽杆菌引起的一种急性、热性、败血性人兽共患传染病,常呈散发性或地方性流行,绵羊最易感染。

1. 病原和流行特点　病原体为炭疽杆菌,炭疽是一种人兽共患的急性传染病,世界各地都有发生,病羊是主要传染源,濒死病羊体内及其排泄物中常有大量菌体,当尸体处理不当,炭疽杆菌形成芽孢并污染土壤、水源、牧地,羊吃了污染的饲料和饮水而感染,也可经呼吸道和由吸血昆虫叮咬而感染,常年可以发病,但多发于夏季,呈散发或地方性流行。绵羊比山羊易感,小羊更易发病。

2. 症　状　根据病程的不同,可以分为最急性、急性和亚急性三种类型。绵羊和山羊患病多为最急性或急性经过,往往忽然发现羊尸而不知道死期,如能看到症状,体温升高到40℃～42℃,可视黏膜蓝紫色,突然昏迷,步态不稳,磨牙,呼吸困难,全身抽搐、颤抖,数分钟即倒毙,从眼、鼻、口腔及肛门等天然孔流出带气泡的暗红色或黑色血液,血凝不全,尸僵不全。炭疽病尸体严禁剖检。

3. 防制 病死羊不可食用,必须进行无害化处理,将尸体和沾有病羊粪、尿、血液的泥土一起烧掉或深埋,上面盖上石灰。搬运尸体时要特别小心,不要把血和尿洒在地上,以免散布细菌。病羊住过的地方,要立即用20%漂白粉溶液或2%热碱水连续消毒3次(中间间隔1小时)。用20%石灰水刷墙壁,用热碱水浸泡各种用具。病羊的粪便、垫草以及吃剩的草料,都应用火烧掉,不能用来作肥料。对污染物可用10%热碱液、0.1%升汞溶液、5%碘酊或20%～30%漂白粉彻底消毒,杀死芽孢。

已发生炭疽的羊群应给全群假定健康羊只注射抗炭疽血清,用量多少应按照瓶签说明。此种免疫法的有效期很短,只能保持1个月左右。发生过炭疽病的羊群,每年用炭疽苗进行免疫,常用炭疽苗有:无毒炭疽芽孢苗和炭疽二号苗,使用前详细阅读说明书。管理病羊和收拾病羊尸体的人,要特别小心,从各方面加强个人防护,以免受到感染。

(五)布鲁氏菌病

羊布鲁氏菌病是羊的一种慢性传染病。主要侵害生殖系统。羊感染后,以母羊发生流产和公羊发生睾丸炎为特征。布鲁氏菌病也是一种人兽共患的慢性传染病。其特点是生殖器官和胎盘发炎,引起流产、不育和各种组织的局部病症。

1. 病原和流行特点 病原为布鲁氏菌。动物布鲁氏菌可传给人类,但人传人的现象较为少见。该病的传染源主要是病羊及带菌羊。本病主要通过采食被污染的饲料、饮水,经消化道感染。经皮肤、黏膜、呼吸道以及生殖道(交配)也能感染。与病羊接触、加工病羊肉而不注意消毒的人也易感本病。本病不分性别、年龄,一年四季均可发生。该菌对外界的抵抗力很强,在干燥的土壤中可存活 37 天。常用消毒药有 1% 来苏儿,2% 福尔马林,5% 生石灰水。

2. 症状 多数为隐性感染不表现症状。羊群一旦感染此病,首先表现孕羊流产,但不是必有的症状。开始仅为少数,以后逐渐增多,严重时可达半数以上,多数病羊流产 1 次。流产多发生在妊娠后的 3～4 个月;流产母羊多数胎衣不下,继发子宫内膜炎,影响受胎;有时患病羊发生关节炎和滑液囊炎而致跛行;公羊发生睾丸炎,失去配种能力;少部分病羊发生角膜炎、支气管炎、乳房炎。

3. 防制 目前,本病尚无特效的药物治疗,只有加强预防、检疫。定期检疫:羔羊每年断奶后进行 1 次布鲁氏菌病检疫。成羊每年检疫 1 次或每年预防接种而不检疫。对检出的阳性羊要捕杀处理,不能留养或给予治疗。

免疫接种:当年新生羔羊通过检疫呈阴性的,选用布鲁氏菌苗进行免疫,详细阅读使用说明书。羊群受感染后无治疗价值,发病后羊群进行检疫,发现呈阳性和可疑反应的羊均应及时淘汰,严禁与假定健康羊接触。必须对污染的用具和场所进行彻底消毒;流产胎儿、胎衣、羊水和产道分泌物应深埋。

(六)链球菌病

羊链球菌病是由溶血性链球菌引起的一种严重危害绵羊、山羊的急性、热性传染病,俗称嗓喉病。其特征主要是下颌淋巴结与咽喉肿胀,各脏器出血、大叶性肺炎,胆囊肿大。

1. 病原及流行特点 病原体为 C 型败血性链球菌。本病可发生于不同年龄的绵羊和山羊,绵羊较山羊易感。呼吸道为主要传播途径;也可经皮肤创伤、羊虱蝇叮咬等途径传播。

2. 症状 潜伏期为 2~5 天,病羊发病初期体温升高至 41℃以上,精神不振,食欲减少或不食,反刍停止,步态不稳;结膜充血,流泪,之后流脓性分泌物,鼻腔流浆液性鼻液,后变为脓性,口流涎,并混有泡沫,呼吸急促而困难,咽喉、舌肿胀;粪便松软,带黏液或血液;妊娠母羊流产;有的病羊眼睑、嘴唇、颊部、乳房肿胀,临死前呻吟、磨牙、抽搐。最急性的病程在 1 天以内,急性病程一般情况下 2~3 天死亡。

3. 防制 加强饲养管理,增强羊的抵抗力,做好抓膘、保膘及保暖防风、防冻、防拥挤。定期消灭羊体内外寄生虫。做好羊圈及场地、用具的消毒工作。入冬前应用链球菌苗进行预防注射。

对病羊和可疑羊隔离治疗,场地、器具等用 10% 石灰乳或 3% 来苏儿严格消毒,羊粪及污物等堆积发酵,病死羊进行无害化处理。发病早期可注射抗羊链球菌血清进行治疗,青霉素、磺胺类药物对该病有治疗效果。

(七)羊传染性胸膜肺炎

羊传染性胸膜肺炎,是由支原体引起的一种羊高度接触性传染病。主要特征为高热、咳嗽、胸和胸膜发生浆液性和纤维素性炎症,病死率很高。

1. 病原和流行特点 在自然条件下,丝状支原体山羊亚种只感染山羊,3 岁以下的山羊最易感染,而绵羊肺炎支原体则可感染山羊和绵羊。病羊和带菌羊是本病的主要传染源。

本病常呈地方流行性,接触传染性很强,主要通过空气-飞沫经呼吸道传染,冬春多发,在阴雨连绵,寒冷潮湿,羊群密集,冬季和早春枯草季节,羊只营养缺乏,机体抵抗力降低的条件下更易发病,发病后病死率也较高。

2. 症状 该病潜伏期短者5~6天,长者20~30天,平均18~20天。根据病程长短和临床症状,可分为最急性、急性和慢性三种类型。

最急性:病初体温增高,可达41℃~42℃,极度委顿,食欲废绝,呼吸急促而有痛苦的咩叫,数小时后出现肺炎症状;呼吸困难,咳嗽,并流浆液带血鼻液,病羊卧地不起,四肢直伸,呼吸极度困难,每次呼吸则全身颤动;黏膜高度充血,发绀;目光呆滞,呻吟哀鸣,不久窒息而亡。病程一般不超过4~5天,有的仅12~24小时。

急性:最常见。病初体温升高,继而出现短而湿的咳嗽,伴有浆性鼻漏。4~5天后,咳嗽变干而痛苦,鼻液转为脓性黏液并呈铁锈色,高热稽留不退,食欲锐减,呼吸困难和痛苦呻吟,眼睑肿胀,流泪,眼有黏脓性分泌物;口半开张,流泡沫状唾液。头颈伸直,腰背拱起,腹肋紧缩,最后病羊倒卧,极度衰弱,有的发生臌胀和腹泻,甚至口腔中发生溃疡;唇、乳房等部皮肤发疹,濒死前体温降至常温以下,病程多为7~15天,有的可达1个月。幸而不死的转为慢性。孕羊大批发生流产。

慢性:多见于夏季。全身症状轻微,体温升至40℃左右。病羊间有咳嗽和腹泻,鼻涕时有时无,身体衰弱,被毛粗乱无光。在此期间,如饲养管理不良,与急性病例接触或机体抵抗力降低时,很容易复发或出现并发症而迅速死亡。

3. 防制 加强饲养管理,增强羊的体质;定期进行羊舍内外消毒;严格检疫防止引入病羊和带菌羊。免疫接种是预防本病的有效措施。应根据当地病原体的分离结果,选择使用山羊传染性胸膜肺炎苗、绵羊肺炎支原体灭活苗。

对发病羊群及时隔离和治疗,一定要淘汰无治疗价值的病羊。污染的场地、厩舍、饲养用具以及粪便、病死羊的尸体等进行彻底消毒或无害化处理。药物治疗可选用阿奇霉素、泰乐菌素、氟苯尼考等。药物治疗的同时,必须加强护理,结合必要的对症疗法。

(八)羊 快 疫

羊快疫是由腐败梭菌引起的一种急性传染病。主要发生于绵羊,突然发病,病程极短,其特征为真胃黏膜呈出血性炎性损害。

1. 病原和流行特点 病原为腐败梭菌。在气候骤变,阴雨连绵、秋冬寒冷季节,羊机体抗病能力下降时容易诱发本病。发病羊多为 6～18 月龄的绵羊,山羊较少发病。主要经消化道感染,突然发病,几乎没有治疗时间,发病率 10%～20%,病死率为90%左右。

2. 症状 发病突然、病程急、往往不表现临床症状即死亡,晚上进圈时还无异常,第二天早晨发现死于圈舍或在采食过程中突然死亡,有些羊临死前疝痛、磨牙、痉挛。病程长者,体温可升至41℃左右,食欲废绝,沉郁、呆立,结膜苍白,腹痛腹胀,急剧腹泻、粪便黑绿色,少数粪便中有血液。多在发病后数分钟至 5 天内死亡,治愈率较低。

3. 防制 患病羊往往来不及治疗即死亡,因此加强管理是关键,防止羊受寒冷刺激,严禁吃霜冻饲料。在常发病地内的羊每年应定期注射羊快疫菌苗,常用苗有羊厌氧菌病三联苗(羊快疫、羊猝狙、羊肠毒血症)或五联苗(羊快疫、羊肠毒血症、羊猝狙、羊黑疫和羔羊痢疾)等。用量用法参照使用说明书。

病程稍长的病羊通过治疗可降低死亡率,但治愈率较低,一般只有 50%～60% 的治愈率,可用青霉素、链霉素、庆大霉素、氨苄青霉素、卡那霉素、磺胺类及喹诺酮类药物,同时辅以对症治疗。给病羊灌服 10%～20%石灰水 50～100 毫升,连用 1～2 次,中和毒素。肌内注射安钠咖,静脉注射 10%～25%葡萄糖,强心利尿。

(九)羊 痒 狙

本病是由 C 型产气荚膜梭菌引起的一种毒血症,故又称为"C 型肠毒血症",常与快疫合并发生。

1. 流行特点 经消化道感染,多见于早春和秋季,成年绵羊发病较多。常发生于低洼潮湿地区,多呈地方性流行或散发。

2. 症状 主要表现是体温升高,腹痛、昏迷和痉挛,随即死亡。新生羔羊除发生紧张性痉挛外,还会出现虚脱。但因死亡很快,一般很少看到症状。

3. 防制 参照羊快疫。

(十)羊肠毒血症

羊肠毒血症又称"软肾病"或"类快疫",是魏氏梭菌产生毒素所引起的绵羊急性传染病。该病以发病急,死亡快,死后肾脏多见软化为特征。又称软肾病、类快疫。

1. 病原和流行特点 病原为魏氏梭菌。当饲料突然改变,特别是从吃干草改为采食大量谷类或青嫩多汁和富含蛋白质的草料之后,导致羊的抵抗力下降和消化功能紊乱,魏氏梭菌在肠道迅速繁殖,产生大量毒素引起全身毒血症,导致羊休克而死亡。发病以绵羊为多,山羊较少。通常为 2～12 月龄、膘情好的羊为主,本病发生有明显的季节性和条件性,牧区以春夏之交抢青时和秋季牧草结籽后的一段时间发病为多。农区则多见于收割抢茬季节或食人大量富含蛋白质饲料时。

2. 症状　病羊中等以上膘情，本病发生突然，病羊呈腹痛、腹胀症状。患羊常离群呆立、卧地不起或独自奔跑。濒死期发生肠鸣或腹泻，排黄褐色水样粪便。病羊全身颤抖、眼球转动、磨牙，头颈后仰，口鼻流沫，或病羊步态不稳，以后卧地，并有感觉过敏，流涎，上下颌"咯咯"作响，继而昏迷，角膜反射消失，有的可见腹泻，3～4 小时静静地死去。

3. 防制　参照羊快疫。

(十一)小反刍兽疫

小反刍兽疫也称羊瘟，是由病毒引起的，以发热、口炎、腹泻、肺炎为特征的急性接触性传染病，山羊和绵羊易感，山羊发病率和病死率均较高。我国将其列为一类动物疫病。

2007 年 7 月，小反刍兽疫首次传入我国。

1. 病原　小反刍兽疫病毒。

2. 流行特点　病羊及其分泌物和排泄物、组织，或被其污染的草料、用具和饮水等是该病的传染源。自然发病仅见于山羊和绵羊。山羊比绵羊更易感，且临床症状比绵羊更为严重。山羊不同品种之间的易感性也有差异。

该病主要通过直接或间接接触传播，感染途径以呼吸道为主。一年四季均可发生，但多雨季节和干燥寒冷季节多发。潜伏期一般为 4～6 天，也可达到 10 天，《国际动物卫生法典》规定潜伏期为 21 天。

3. 症状　山羊临床症状比较典型，绵羊症状一般较轻微。突然发热，第 2～3 天体温达 40℃～42℃高峰。发热持续 3 天左右，病羊死亡多集中在发热后期。病初有水样鼻液，此后变成大量的黏脓性卡他样鼻液，阻塞鼻孔造成呼吸困难。鼻内膜发生坏死。眼流分泌物，遮住眼睑，出现眼结膜炎。发热症状出现后，病羊口腔内膜轻度充血,继而出现糜烂。坏死组织脱落形成不规则的浅糜烂斑。部分病羊口腔病变温和,并可在48小时内愈合,这类病羊可很快康复。多数病羊发生严重腹泻或下痢,造成迅速脱水和体重下降。妊娠母羊可发生流产。易感羊群发病率通常达60%以上,病死率可达50%以上。特急性病例发热后突然死亡,无其他症状,在剖检时可见支气管肺炎和回盲肠瓣充血。

4. 诊断　依据本病流行病学特点、临床症状、病理变化可做出疑似诊断,确诊需做病原学和血清学检测。

送检病料可采病羊口鼻棉拭子、淋巴结或血沉棕黄层。

5. 防治　任何单位和个人发现以发热、口炎、腹泻为特征,发病率、病死率较高的羊疫情时,应立即向当地动物疫病预防控制机构报告。一旦发生本病,应按《中华人民共和国动物防疫法》规定,按照一类动物疫情处置方式扑灭疫情。

六、肉羊主要寄生虫病防治

寄生虫病是由寄生虫侵袭羊的体内或体表,不断吸取机体营养,分泌毒素,发生机械性障碍和损伤,扰乱正常生理功能,造成羊的发育不良、贫血、消瘦、甚者死亡的一类疾病。如常见的肝片吸虫、螨病等。

(一)羊狂蝇蛆病(羊鼻蝇病)

羊鼻蝇虫病是由羊鼻蝇虫寄生在羊的鼻腔及颅窦而引起的一种疾病,是一种慢性鼻炎及鼻窦炎,主要特征是羊流鼻涕和不安。山羊较绵羊患病少,受害较轻。

1. 诊断　病原是羊狂蝇。羊在鼻蝇活动季节,因害怕鼻蝇产蛆而不安,四处躲避,采取各种动作防范。当幼虫进入羊的鼻腔后,引起鼻腔黏膜发炎、喷嚏;患羊常常鼻流黏液,黏液由稀变黏,最后变成脓性,并且呼吸困难;有时个别幼虫进入羊的气管、支气管、眼、耳、深入颅腔,使脑膜发炎或受损,出现共济失调和痉挛等神经症状;羊只吃睡不安,全身衰弱和营养不良,逐渐消瘦,个别的会引起死亡。

2. 防治 消灭羊鼻蝇虫比较困难,必须严格贯彻"防重于治"的方针。根据不同季节鼻蝇的活动规律,采取不同的预防措施。夏季羊舍墙壁常有大批成虫,在初飞时,翅膀软弱,不太活动,此时可进行捕捉,消灭成虫。连续进行 3 年,可以收到显著效果。也可用诱蝇板,引诱鼻蝇飞落板上,每天早晨检查诱蝇板,将鼻蝇取下消灭。在羊鼻蝇幼虫尚未钻入鼻腔深处时,给鼻腔喷入 3% 来苏儿溶液,杀死幼虫;在羊鼻蝇幼虫从羊鼻孔排出的季节,地上撒以石灰,把羊头下压,让鼻端接触石灰,使羊打喷嚏,也可喷出幼虫,然后消灭,但劳动强度大。还可选用依维菌素注射,使用方法剂量按照使用说明书。

(二)羊焦虫病

羊焦虫病是由泰勒焦虫引起的一种血液寄生虫病,我国羊泰勒虫病的传播者为蜱,它主要寄生于绵羊、山羊体表。本病从 4～11 月份均可发生,以 1～6 个月羔羊发病率和死亡率最高,成羊次之。临床主要特征为:高热、贫血、黄疸和血红蛋白尿,发病率和死亡率高。

1. 诊断 多数呈急性经过,病羊精神沉郁,体温升高到 41℃ 左右,呈稽留热型。呼吸浅而快,喜卧地。食欲减退或废绝,反刍及胃肠蠕动减弱或停止,初期便秘,后期腹泻,粪便带血丝;羊尿浑浊或血尿;眼结膜开始潮红,继而苍白,并有轻度黄疸,中后期病羊高度贫血、血液稀薄,结膜苍白。肩前淋巴结肿大,有的颈下、胸前、腹下及四肢发生水肿。

尸体消瘦，血液稀薄，皮下脂肪胶冻样，有点状出血，全身淋巴结呈不同程度肿胀，肿胀明显的是肩前、肠系膜、肝门、肺纵膈淋巴结。切面多汁、充血、出血；肝、脾、胆囊肿大，肾呈黄褐色、点状出血。

确诊可采用血液涂片姬姆萨染色镜检。

2. 防治 灭蜱是本病首要内容之一，切断传播途径，避免和消灭蜱的侵袭。贝尼尔对绵羊的泰勒焦虫病有较高的疗效，按每千克体重 5 毫克使用，配成 5%～7%的溶液，臀部深层肌内注射。轻症注射 1 次即愈，必要时每天 1 次，连用 2～3 天。

(三)蜱

蜱侵袭可引起羊的皮炎。

1. 诊断 当大量蜱寄生时，则引起贫血，患羊生长不良与掉膘。在炎热季节蝇可在皮肤破口上产卵，引起致命的皮蝇蛆病。某些蜱种，例如多刺耳蜱的若虫，位于外耳道，可引起非常痛苦的烦恼，偶尔引起中耳感染。某些饱食的雌蜱还能产生一种唾液毒素，引起麻痹。表现为约经蜱叮咬后数天，后肢虚弱，共济失调，在几小时之内变成麻痹，麻痹向前发展到前肢、颈和头。某些羊没有观察到前驱性虚弱，就出现麻痹。在羊身上发现致病蜱可以做出诊断。

2. 防治 堵塞羊舍所有缝隙及洞穴，并用石灰水粉刷墙壁，定期清除羊舍的垃圾和灰尘，消灭羊舍和羊体上的蜱，是有效的防治措施。

对于较大的羊群，可采用定期药浴防治法。药浴时，可选用敌百虫、消虫净、蜱虱敌、除虫精等，使用方法和剂量参照药品使用说明书。

（四）蠕形螨

蠕形螨病，是由蠕形螨属的螨寄生于羊的毛囊和皮脂腺引起的皮肤病，故又称毛囊虫病或脂螨病。

1. 诊断　病羊主要表现为皮炎、皮脂腺-毛囊炎或化脓性皮脂腺-毛囊炎。病变多在眼、耳、头上，其他部位也可能发生。除损害皮肤外，常在皮下发生脓性囊肿。

切开皮肤上的结节或囊肿，刮取分泌物或脓汁，做涂片镜检，如发现虫体即可确诊。

2. 防治　参照蜱防治方法。

（五）羊多头蚴病

羊多头蚴病又称脑包虫病，是多头带绦虫的幼虫——脑多头蚴寄生于羊的脑和脊髓引起的疾病。

1. 诊断　羊患病后表现出一系列特异神经症状，容易确诊。

感染初期由于病原体转入脑部，引起局部发炎，病羊显出脑膜炎或脑炎症状，此时病羊体温升高，脉搏呼吸加快，有时强烈兴奋，有时沉郁，长时间躺卧，部分病羊在 5～7 天因急性脑膜炎而死亡。

耐过不死的病羊转为慢性，在一定时期内不显症状，在此期间多头蚴继续发育长大，2～6 个月后病羊精神沉郁，停止采食，因寄生部位的不同表现出下列各种症状：头顶在墙壁上，站立不动；病羊常把头偏向一侧，向着一侧转圈子，病情越重的，转的圈子越小，有时患部对侧的眼睛失明；羊头低向胸部，走路时膝部抬高，或沿直线前行，碰到障碍物而不能再走时，即把头抵在障碍物上，站立不动，头向后仰，向后退行；神经过敏，易于疲倦，步态僵硬，瘫痪。寄生在腰部脊髓内时，后肢、直肠及膀胱发生麻痹。病到末期时,食欲完全消失,最后因消瘦及神经中枢受损害而死亡。

急性死亡的羊见有脑膜炎和脑炎病变,还可见到六钩蚴在脑膜中移行时留下的弯曲伤痕。慢性期的病例则可在脑、脊髓的不同部位发现1个或数个大小不等的囊状多头蚴;在病变或虫体相接的颅骨处,骨质松软、变薄,甚至穿孔,致使皮肤向表面隆起;病灶周围脑组织或较远的部位发炎,有时可见萎缩变性和钙化的多头蚴。

2. 防治 该病为人兽共患病,重点在于预防。犬是该病传播的重要动物,因此,要做好犬的管理与驱虫,避免羊群采食到狗的绦虫卵。对患病器官要销毁做无害化处理,禁止任意抛弃或喂犬,这是最有效的预防办法。驱虫时将犬关在舍内或拴起来喂养2～3天,把排出的粪便收集起来焚烧处理。驱虫次数根据患病羊的感染情况而定,严重流行地区每年进行6～8次驱虫,从春天解冻起1.5个月驱虫1次。一般流行地区每年进行4次驱虫即可。

如寄生于脑的表面而能够触诊到多头蚴时,可用外科手术取出。但如部位难以确定,或存在于脑子较深处时,手术后果多不良。对寄生于大脑深部的多头蚴,可肌内注射磺胺类药物。也可静脉注射加入20％甘露醇注射液或25％山梨醇注射液25～30毫升。

(六)棘球蚴病(囊虫病,肝包虫病)

棘球蚴病又称包虫病、囊虫病,俗称肝包虫病,是人兽共患病。棘球蚴呈多种多样的囊泡状,大小可由黄豆粒至西瓜大,囊内充满液体。绵羊是棘球蚴最适宜的宿主,常寄生于羊的肝、肺、脾、肾等器官表面。

1. 诊断 根据症状很难做出正确诊断,剖检发现棘球蚴可诊断。轻度感染和感染初期通常无明显症状;严重感染的羊,被毛逆立,时常脱毛,肥育不良,肺部感染时有明显的咳嗽和长期慢性的呼吸困难,咳后往往卧地,不愿起立。寄生在肝表面时,可能有消化不良等症状,当肝脏容积极度增加时,可观察右侧腹部稍有膨大。

剖检见虫体经常寄生的肝脏和肺脏。可见肝肺表面凹凸不平,重量增大,表面有数量不等的棘球蚴囊泡突起,肝脏实质中也有数量不等、大小不一的棘球蚴囊泡,有时棘球蚴发生钙化和化脓,有时在脾、肾、脑、脊椎管、肌内、皮下也可发现棘球蚴。

2. 防治 参照羊多头蚴病。

(七)片形吸虫病

片形吸虫病又称肝蛭病,由寄生于羊的肝脏胆管中的肝片形吸虫和大片形吸虫所引起。可感染人。本病能引起急性或慢性的肝炎和胆管炎,并继发全身性的中毒和营养障碍,常引起羊的大批死亡。

1. 诊断 急性型:多见于秋季,表现是体温升高,精神沉郁;食欲废绝,偶有腹泻;肝脏叩诊时,半浊音区扩大,敏感性增高;病羊迅速贫血。有些病例表现症状后3～5天发生死亡。

慢性型:最为常见,可发生在任何季节。病的发展很慢,一般在1～2个月后体温稍有升高,食欲略见降低;眼睑、下颌、胸下及腹下部出现水肿。病程继续发展时,食欲趋于消失,表现卡他性肠炎,被毛粗乱,无光泽,脆而易断,有局部脱毛现象。3～4个月后水肿更为剧烈,病羊更加消瘦。孕羊可能生产弱羔,甚至生产死胎。如不采取医疗措施,最后常发生死亡。

受大量虫体侵袭的患羊,肝脏出血和肿大。其中有长达2～5毫米的暗红色索状物。挤压切面时,有污黄色的黏稠液体流出,液体中混杂有幼龄虫体。

慢性病例,肝脏增大更为剧烈。到了后期,受害部分显著缩小,呈灰白色,表面不整齐,质地变硬,胆管扩大,充满灰褐色胆汁和虫体。切断胆管时,可听到"嚓！嚓！"之声。

肺表面的颜色正常,某些部分有局限性的硬固结节,大如胡桃到鸡蛋,其内容物为暗褐色的半液状物质,往往含有1～2条活的或半分解状态的虫体。

2. 防治 定期驱虫,加强饲养管理,对粪便堆肥发酵处理,以杀灭虫卵。治疗可用海涛林、丙硫咪唑、六氯对二甲苯(血防846)、噻苯唑、吡喹酮等,使用方法和剂量参照药品使用说明书。

七、肉羊主要普通病防治

主要有内科病、营养代谢性疾病等。内科病主要原因多是饲养管理不当造成的,如草料过于单纯,长期饲喂粗硬难以消化的牧草,草料发生霉变或冰冻,突然更换饲养方式以及运动、饮水不足等引发的前胃弛缓、瘤胃积食、臌气、瓣胃阻塞等疾病。营养代谢性疾病主要是由于营养物质缺乏或过盛引起的营养物质失衡,造成羊的发育不良,生产性能和抗病能力下降,甚至危及生命。

(一)感　冒

1. 病因 主要是由于气候变化、环境改变等因素引起。

2. 症状 精神不佳,食欲减退,体温升高,鼻镜干燥,反刍减少或停止,

3. 治疗 治疗以解热镇痛、祛风散寒为主,成年羊肌内注射阿尼利定(安痛定)10毫升、卡那霉素10毫升、地塞米松5毫升;或柴胡10毫升、黄芪多糖10毫升、穿心莲10毫升。也可用青霉素320万单位(2支)、地塞米松5毫升,一般情况下一次注射治疗后病情好转,精神状态改善,食欲增强,如果未见病情好转,可间

隔 8 小时再次肌内注射与第一次相同剂量药物。

（二）前胃弛缓

前胃弛缓是前胃运动功能减弱，兴奋性和收缩力降低，消化功能紊乱的一种疾病。

1. 病因　体质弱，突然更换饲养方法，精料过多，运动不足，饲料品质不良等都是该病的诱因。如长期饲喂单调、缺乏刺激性的饲料，如：麦麸、豆面等；或长期饲喂粗硬难以消化的饲草，如干玉米秸、豆秸、麦壳等，或饲喂霉败冰冻、虫蛀染毒饲料。

2. 诊断　病羊食欲减退或废绝，反刍次数减少，甚至停止，鼻镜干燥，精神委顿，倦怠无力，行走摇摆不定，常常卧伏，逐渐消瘦，被毛蓬乱，眼窝下陷，慢性臌气，便秘腹泻交替发生。

3. 防治　首先应消除病因，供给易消化的饲料等。治疗方法一般先投泻剂，兴奋瘤胃蠕动，防腐止酵，开胃、醒脾、消食除胀，或用神经性药物治疗。

泻剂常用硫酸镁、人工盐、石蜡油、番木鳖酊、大黄酊等。兴奋瘤胃蠕动可用 10%氯化钠静脉注射，或硝酸毛果芸香碱皮下注射。防止酸中毒，可灌服碳酸氢钠。使用方法与剂量参照使用说明书。

民间常用偏方也能起到不错的作用。酵母粉 10 克、红糖 10 克、酒精 10 毫升、陈皮酊 5 毫升，混合加水适量，灌服。大蒜酊 20 毫升、龙胆末 10 克、豆蔻酊 10 毫升，加水适量，一次灌服。

有经验介绍用饮料结合治疗该病，取得了显著效果：饮料包括橘子汽水、雪碧、可口可乐等。它是一种保健品，无毒副作用，其作用迅速，一般灌服后约 10 分钟出现腹胀，继而瘤胃蠕动加强，约 1 小时后出现反刍，饮料灌入后，刺激胃壁神经，使瘤胃兴奋性增高，运动功能恢复，从而同样达到醒脾、开胃之功效。具体用量，应视体重大小增减，饮料单用效果很好，如配合药物，应先灌服药物，间隔一定时间，效果更好。饮料随处可取，价格低廉，这也是一条省钱治病的好途径。

(三)瘤胃积食

瘤胃积食是急性瘤胃扩张，充满食物，食糜停滞瘤胃引起消化不良的疾病。

1. 病因 突然改换饲料，贪食，过食谷物，缺乏运动，饮水不足，瘤胃运化功能减弱，草料停积在胃内造成的。可导致酸中毒。

2. 诊断 病初食量减少，常呻吟，拱背呈排粪尿姿势。回头看腹，摇尾，后蹄踢腹，起卧不安，打滚，常呈右倒卧。左腹明显增大，触诊感瘤胃内容物或呈面团状有压痕，或坚实。重症病羊可视黏膜发绀，呼吸困难，脉搏加快，甚至步态不稳，昏迷。

3. 防治 针对发病原因，消除诱导因素。治疗方法应消导下泻，止酵防腐，纠正酸中毒，健胃补充液体。常用治疗方法有：消导下泻，可用鱼石脂 1～3 克、陈皮酊 20 毫升、液状石蜡 100 毫升、人工盐 50 克或硫酸镁 50 克、芳香氨醑 10 毫升，加水 500 毫升，一次灌服；硫酸钠 60 克调水灌服；或用蓖麻油 150 毫升一次内服；稀盐酸 15 毫升，龙胆酊 20 毫升内服。解除酸中毒，可用 5％碳酸氢钠 100 毫升静脉注射，为防止酸中毒继续恶化，可用 2％石灰水洗胃。也可用中药大承气汤：大黄 12 克、芒硝 20 克、枳壳 9 克、厚朴 12 克、玉片 1.5 克、香附子 9 克、陈皮 6 克、千金子 9 克、木香 3 克、二丑 12 克，煎水，一次灌服。对种羊，若判断治疗达不到目的，宜迅速切开瘤胃抢救。

(四)急性瘤胃臌气

急性瘤胃臌气是由于瘤胃内饲料发酵，迅速产生大量气体导致的疾病。

1. 病因　羊吃了大量容易发酵的饲料引起,如含蛋白高苜蓿青草,食入霜冻饲料、酒糟、腐败变质的饲料也容易发病。

2. 诊断　初期表现不安,回顾腹部,拱背伸腰,肷窝凸起,心率加快,呼吸困难。

3. 防治　控制容易发酵的饲料喂量,不喂腐败饲料。可采取瘤胃穿刺放气,或用5％碳酸氢钠溶液1 500毫升灌服,或用液体石蜡100毫升、鱼石脂2克、酒精10毫升加水适量,一次性灌服。

（五）瓣胃阻塞

瓣胃阻塞又称百叶干,是由于羊瓣胃的收缩力量减弱,其内容物不能排入皱胃,水分被吸收变干而发生阻塞的疾病。

1. 病因　多因长期饲喂大量富含粗纤维的干饲料、粉状饲料(如植物秸秆、红薯蔓、花生秧、豆荚、米糠、麸皮等)或混有泥沙的饲料而引起。饮水、运动不足可加重病情的发展。更多的病例继发于前胃弛缓、产后血红蛋白尿、生产瘫痪、矿物质缺乏以及铅中毒等疾病。

2. 诊断　发病初期,精神迟钝,前胃弛缓,食欲不振或减退,便秘,排粪减少,粪便干硬、色黑,后期停止排粪,腹部胀满。随着病程延长,瓣胃小叶发炎或坏死,常可继发败血症,此时可见体温升高、呼吸和脉搏加快,全身表现衰弱,病羊卧地不起,最后死亡。

3. 防治　加强饲养管理,减少粗硬饲料,增加多汁和青饲料,防止长期单纯饲喂麸皮、谷糠类饲料,保证饮水,适当运动。

治疗以排出胃内容物和增强前胃运动功能为原则。应以软化瓣胃内容物为主,辅以兴奋前胃运动功能,促进胃肠内容物排出。轻症患羊可内服泻剂和促进前胃蠕动的药物。常用药物有硫酸镁、液状石蜡、硫酸钠、番木鳖酊、大蒜酊、大黄末等,使用剂量根据羊只大小参照说明书。

对顽固性瓣胃阻塞可施行瓣胃注射疗法：准备 25％硫酸镁溶液 30～40 毫升，液状石蜡 100 毫升，在右侧第九肋间隙和肩胛关节线交界下方，选用 12 号 7 厘米长针头，向对侧肩关节方向刺入 4 厘米深，刺入后可先注入 20 毫升生理盐水，试其有较大压力时，表明针已刺入瓣胃，再将上述准备好的药液用注射器交替注入瓣胃，于第二日再重复注射 1 次。瓣胃注射后，可用 10％氯化钙 10 毫升、10％氯化钠 50～100 毫升、5％葡萄糖生理盐水 150～300 毫升，混合，一次静脉注射。待瓣胃松软后，皮下注射 0.1％氨甲酰胆碱 0.2～0.3 毫升，兴奋胃肠运动功能，促进积聚物下排。

临床上还可使用中药制剂，有不错的疗效。

（六）真胃阻塞

真胃阻塞是真胃内积满了大量食糜，胃壁扩张，体积增大，胃黏膜发炎，食糜不能进入肠道导致的疾病。

1. 病因　主要因羊的消化功能紊乱，胃肠分泌、蠕动功能下降造成，或因长期饲喂细碎的饲料引起。

2. 症状　初期与前卫迟缓症状类似，食欲减退，排便量减少，粪便干燥，并有较多的黏液获血丝，右侧肷窝增大，充满液体。

3. 治疗　灌服 25％硫酸镁溶液 250 毫升、甘油 30 毫升，生理盐水 100 毫升，也可注射氨甲酰胆碱及其类似药物，增强胃肠蠕动。

（七）瘤胃酸中毒

1. 病因　主要是由于精粗饲料比例失调，精饲料饲喂过多，导致瘤胃内酸碱失衡。

2. 症状　主要表现为饲喂前食欲、泌乳正常，饲喂后不愿走动,呼吸急促,气喘,心跳加快,严重者发病后 3～5 小时死亡,病程稍缓者,左侧肷窝凸起,用手触摸感到瘤胃内容物脚软,犹如面团,病羊表现口渴,喜欢饮水,尿少或无尿,并伴有腹泻症状。

3. 治疗　静脉注射生理盐水或 5％葡萄糖氯化钠注射液,500～1 000 毫升,加入 5％碳酸氢钠 20～30 毫升,并加入抗生素类药物,如果病羊有兴奋、甩头等症状时,可加入 20％甘露醇注射液或 25％山梨醇注射液 25～30 毫升。如果等到症状减轻,脱水症状缓解时,但仍卧地不起,可再次静脉注射 10％葡萄糖酸钙注射液 20～30 毫升。

(八)子宫内膜炎

由于分娩时或产后子宫感染,而使子宫内膜发炎,称子宫内膜炎,是一种常见的母羊生殖器官疾病,是导致母羊不孕的重要原因。

1. 病因　主要是在配种、人工授精及接产过程中消毒不严,容易引发此病。由于难产时手术助产、截胎术、子宫内翻及脱出、胎膜滞留、子宫复原不全及流产、胎衣不下等造成的子宫内膜损伤及感染而发生。阴道内存在的某些条件性病原菌,在机体抵抗力降低时,可引发此病。胎膜滞留是产后引起子宫内膜炎的主要因素之一。

2. 症状　分为急性子宫内膜炎与慢性子宫内膜炎两种。急性子宫内膜炎多发生于产后 5～6 天,排出多量恶露,具有特殊的臭味,呈褐色、黄色或灰白色。有时恶露中有絮状物、宫阜分解产物和残留胎膜。后期渗出物中有多量的红细胞和脓性黏液。乳量减少,食饮减退,反刍紊乱,体温微高。慢性子宫内膜炎,主要表现不定期地排出混浊的黏性渗出物,母羊多次发情,但屡配不孕。

3. 诊断　根据临床症状一般可做出诊断，必要时可对阴道排泄物进行病原分离培养。

4. 防治　加强饲养管理，搞好传染病的防治工作，适当加强运动，提高机体抵抗力，在配种、人工授精及助产时，严格消毒、规范操作。及时治疗流产、难产、胎衣不下、阴道炎等产科疾病，以防损害和感染。治疗原则是提高机体抵抗力、子宫紧张力和收缩力，促使子宫内渗出物排出。冲洗子宫是治疗慢性与急性炎症的有效方法。药物可选3‰氯化钠溶液、0.1‰高锰酸钾溶液或0.1‰呋喃西林溶液等。向子宫内注入抗生素，如青霉素、链霉素、金霉素等。①全身疗法：注射抗生素和磺胺类药物。②中药疗法：当归、川芎、白芍、丹皮、金银花、连翘各10克，桃仁、茯苓各5克，水煎服。

（九）乳　房　炎

1. 病因　多见于挤乳技术不熟练，损伤了乳头、乳腺体；或因挤乳工具不卫生，使乳房受到细菌感染所致。也可见于子宫炎、口蹄疫、结核病、脓毒败血症等过程中。

2. 症状　本病按病程可分为急性和慢性2种。急性乳房炎。患病乳区发热、增大、疼痛。乳房淋巴结肿大，乳汁变稀，混有絮状或粒状物。重症时，乳汁可呈淡黄色水样或带有红色水样黏性液。同时，可出现不同程度的全身症状，表现食欲减退或废绝，瘤胃蠕动和反刍停滞；体温高达41℃～42℃；呼吸和心搏加快，眼结膜潮红。严重时眼球下陷，精神委顿。患病羊起卧困难，有时站立不愿卧地，有时体温升高持续数天而不退，急剧消瘦，常因败血症而死亡。慢性乳房炎多因急性型未彻底治愈而引起。一般没有全身症状，患病乳区组织弹性降低、僵硬；触诊乳房时，发现大小不等的硬块；乳汁稀、清淡，泌乳量显著减少，乳汁中混有粒状或絮状凝块。

3. 治疗 主要使用抗生素如青霉素或头孢噻呋钠治疗消炎，加入安乃近或安痛定解热镇痛，肌内注射。如有精神不振、食欲减退、卧地不起等症状，也可采用静脉注射方式。如 5% 糖盐水加入青霉素 5 支、安乃近 10 毫升、地塞米松 20 毫升。如果是严重的乳房炎有结块的话，用硫酸镁热敷，每天 2～3 次，每次 5～10 分钟，效果较好；如果出现化脓时，还可以从乳头送药，先把脓挤出来，用细管灌注药。

（十）胎衣不下

胎儿出生后，母羊排出胎衣的正常时间，绵羊为 2～6 小时，山羊为 1～5 小时，如果分娩后超过 14 小时胎衣仍未排除，即为胎衣不下。

1. 病因 主要是由于妊娠期母羊饲养管理不当，饲料中缺乏矿物质、维生素，运动不足，体质瘦弱或过度肥胖，胎水过多，怀胎儿过多等原因引起，造成子宫收缩力量不够。

2. 症状 胎衣不下分为全部或部分没有排除，如果长时间排不出，天气炎热时，很容易腐败，进而引起中毒，羊的精神不振，食欲减少，体温升高，呼吸加快，泌乳减少。

3. 诊断 病羊常弓腰努责，有的羊胎衣部分排除，垂吊在阴门外，发生在分娩之后数小时，通过观察即可诊断。

4. 防治 加强妊娠羊的饲养管理，保持中等膘情，适当运动。不超过 24 小时胎衣不下的羊，可应用催产素注射 0.8～1 毫升，一次肌内注射。超过 24 小时胎衣不下时，必要时通过人工剥离，将手臂消毒之后深入阴道进行剥离，同时防止败血症的发生，注射青链霉素，并用 1% 冷盐水冲洗子宫，排除盐水后再向子宫注入抗生素。

(十一)创伤性网胃腹膜炎及心包炎

创伤性网胃腹膜炎及心包炎是由于异物刺伤网胃壁而发生的一种疾病。

1. 病因 主要由于尖锐金属异物(如钢丝、铁丝、缝针、发卡、锐铁片等)混入饲草被羊误食而发病。如果异物经横膈膜刺入心包,则发生创伤性网胃心包炎。异物穿透网胃胃壁或瘤胃胃壁时,可损伤脾、肝、肺等脏器,引起腹膜炎及各部位的化脓性炎症。

2. 诊断 病羊精神沉郁,食欲减少,反刍缓慢或停止,行动谨慎。表现疼痛、拱背,不愿急转弯或走下坡路,急性或慢性前胃弛缓,慢性瘤胃臌气,肘肌外展以及肘肌颤动。用手冲击触诊网胃区,或用拳头顶压剑状软骨区时,病羊表现疼痛、呻吟、躲闪。创伤性心包炎时病羊心动过速,每分钟 80～120 次,颈静脉怒张,粗如手指。颌下及胸前水肿。听诊心音区扩大,出现心包摩擦音及拍水音。病的后期,常发生腹膜粘连、心包积脓和脓毒败血症。

3. 防治 加强饲养管理,饲养管理人员不可将铁丝、铁钉、缝针或其他金属异物随地乱扔,以防混入饲草。清除饲草中异物,可在草料加工设备中安装磁铁,以清除铁器。严禁在牧场或羊舍堆放铁器。

保守对症疗法:减少活动及饲草喂量,降低腹腔脏器对网胃的压力。可使用抗生素消除炎症。但根本的治疗方法是实行手术:切开瘤胃,取出异物。手术应由专业兽医实施。

参考文献

[1]　敦伟涛.肉羊 60 天育肥出栏技术[M].北京:金盾出版社,2014.

[2]　田树军,王宗仪,胡万川.养羊与羊病防治(第 3 版)[M].北京:中国农业大学出版社,2012.

[3]　贾志海.现代养羊生产[M].北京:中国农业大学出版社,1999.

[4]　张英杰.简明养羊手册[M].北京:中国农业大学出版社,2002.

[5]　李建国.怎样养肉羊多赚钱[M].石家庄:河北科学技术出版社,2002.

[6]　刘祚恒.东北细毛羊育种[M].北京:中国农业出版社,2005.

[7]　吉林省畜牧局编.绵羊[M].长春:吉林人民出版社,1981.

[8]　李建国.怎样养肉羊多赚钱[M].石家庄:河北科学技术出版社,2002.

[9]　李培合.农村养羊实用新技术[M].北京:中国农业出版社,2002.

[10]　张卫平,白丁平.绵羊高效繁殖技术应用效果初报[J].黑龙江动物繁殖,2007,15(2):37.

[11]　张居农,刘红.母羊高效繁殖技术的研究[J].中国草食动物,2004,(s1):85.

[12]　孙晓萍,郎侠.提高滩羊繁殖性能的几种方法[J].畜牧

与饲料科学,2010,31(3):91-92.

[13] 张颖,沈忠,周志权,杨利国.波尔山羊体型外貌与部分生产性能的相关分析[J].中国草食动物,2007,4(27):18-22.

[14] 敦伟涛,陈晓勇,田树军,房国芳,邢艳蕊,孙洪新,白振川.肉用绵羊与小尾寒羊杂交羔羊屠宰试验.畜牧与兽医[J].2010,42(4):36~38.

[15] 王建刚,宋宇轩,程雪妮,等.杜泊羊种质特性初步研究.中国畜牧杂志[J].2005,41(11):34-36.

[16] 陈维德,轩惠敏.无角陶赛特和萨福克羊在新疆纯繁及风土驯化的研究.草食家畜[J],1996(4):9-11.

[17] 轩慧敏,阎玉良.引进肉用萨福克、陶赛特种羊在新疆的生长[J].新疆畜牧业,1992(2):16-19.

[18] 赵志辉,李国强,潘国富,等.澳洲萨福克肉用种羊引种观察[J].中国草食动物,2001(S1):113-115.

[19] 郭千虎,郑丽芬,程炳慧,等.晋中市肉用羊三元杂交改良效果分析[J].中国畜牧杂志,2003,39(5):43-44.

[20] 陈其新,张建红,宋彦军,等.我国主要肉羊品种肉用性能的初步评价[J].全国养羊生产与学术研讨会会议论文集,2012:357-362.

附录　中国饲料营养成分与价值表（2012 年第 23 版）

附件　中国饲料营养成分与价值表（2012 年第 23 版）

序号	中国饲料号 CFN	饲料名称 Feed Name	饲料描述 Description	干物质 DM (%)	粗蛋白质 CP (%)	粗脂肪 EE (%)	粗纤维 CF (%)	无氮浸出物 NFE (%)	粗灰分 Ash (%)	中性洗涤纤维 NDF (%)	酸性洗涤纤维 ADF (%)	淀粉 Starch (%)	钙 Ca (%)	总磷 P (%)	有效磷 A-P (%)	羊消化能 DE (兆卡/千克)	羊消化能 DE (兆焦/千克)
1	4-07-0278	玉米	成熟，高蛋白质，优质	86.0	9.4	3.1	1.2	71.1	1.2	9.4	3.5	60.9	0.09	0.22	0.09	3.40	14.23
2	4-07-0288	玉米	成熟，高赖氨酸，优质	86.0	8.5	5.3	2.6	68.3	1.3	9.4	3.5	59.0	0.16	0.25	0.09	3.41	14.27
3	4-07-0279	玉米	成熟,GB/T 17890—1990,1 级	86.0	8.7	3.6	1.6	70.7	1.4	9.3	2.7	65.4	0.02	0.27	0.11	3.41	14.27
4	4-07-0280	玉米	成熟,GB/T 17890—1990,2 级	86.0	7.8	3.5	1.6	71.8	1.3	7.9	2.6	62.6	0.02	0.27	0.11	3.38	14.14
5	4-07-0272	高粱	成熟,NY/T,1 级	86.0	9.0	3.4	1.4	70.4	1.8	17.4	8.0	68.0	0.13	0.36	0.12	3.12	13.05

续附件

序号	中国饲料号 CFN	饲料名称 Feed Name	饲料描述 Description	干物质 DM (%)	粗蛋白质 CP (%)	粗脂肪 EE (%)	粗纤维 CF (%)	无氮浸出物 NFE (%)	粗灰分 Ash (%)	中性洗涤纤维 NDF (%)	酸性洗涤纤维 ADF (%)	淀粉 Starch (%)	钙 Ca (%)	总磷 P (%)	有效磷 A-P (%)	羊消化能 DE (兆卡/千克)	羊消化能 DE (兆焦/千克)
6	4-07-0270	小麦	混合小麦,成熟 GB 1351—2008,2级	88.0	13.4	1.7	1.9	69.1	1.9	13.3	3.9	54.6	0.17	0.41	0.13	3.40	14.23
7	4-07-0274	大麦(裸)	裸大麦,成熟 GB/T 11760—2008,2级	87.0	13.0	2.1	2.0	67.7	2.2	10.0	2.2	50.2	0.04	0.39	0.13	3.21	13.43
8	4-07-0277	大麦(皮)	皮大麦,成熟 GB 10367—89,1级	87.0	11.0	1.7	4.8	67.1	2.4	18.4	6.8	52.2	0.09	0.33	0.12	3.16	13.22
9	4-07-0281	黑麦	籽粒,进口	88.0	9.5	1.5	2.2	73.0	1.8	12.3	4.6	56.5	0.05	0.30	0.11	3.39	14.18
10	4-07-0273	稻谷	成熟,晒干 NY/T,2级	86.0	7.8	1.6	8.2	63.8	4.6	27.4	28.7	—	0.03	0.36	0.15	3.02	12.64
11	4-07-0276	糙米	除去外壳的大米,GB/T 1810—2002,1级	87.0	8.8	2.0	0.7	74.2	1.3	1.6	0.8	47.8	0.03	0.35	0.13	3.41	14.27

续附牛

序号	中国饲料号 CFN	饲料名称 Feed Name	饲料描述 Description	干物质 DM (%)	粗蛋白质 CP (%)	粗脂肪 EE (%)	粗纤维 CF (%)	无氮浸出物 NFE (%)	粗灰分 Ash (%)	中性洗涤纤维 NDF (%)	酸性洗涤纤维 ADF (%)	淀粉 Starch (%)	钙 Ca (%)	总磷 P (%)	有效磷 A-P (%)	羊消化能 DE (兆卡/千克)	羊消化能 DE (兆焦/千克)
12	4-07-0275	碎米	加工精米后的副产品,GB/T 5503—2009,1级	88.0	10.4	2.2	1.1	72.7	1.6	0.8	0.6	51.6	0.06	0.35	0.12	3.43	14.35
13	4-07-0479	粟（谷子）	合格、带壳、成熟	86.5	9.7	2.3	6.8	65.0	2.7	15.2	13.3	63.2	0.12	0.30	0.09	3.00	12.55
14	4-04-0067	木薯干	木薯干片,晒干 GB 10369—89,合格	87.0	2.5	0.7	2.5	79.4	1.9	8.4	6.4	71.6	0.27	0.09	—	2.99	12.51
15	4-04-0068	甘薯干	甘薯干片,晒干 NY/T 121—1989,合格	87.0	4.0	0.8	2.8	76.4	3.0	8.1	4.1	64.5	0.19	0.02	—	3.27	13.68
16	4-08-0104	次粉	黑面、黄粉、下面 NY/T 211—92,1级	88.0	15.4	2.2	1.5	67.1	1.5	18.7	4.3	37.8	0.08	0.48	0.15	3.32	13.89
17	4-08-0105	次粉	黑面、黄粉、下面 NY/T 211—92,2级	87.0	13.6	2.1	2.8	66.7	1.8	31.9	10.5	36.7	0.08	0.48	0.15	3.25	13.60

续附件

序号	中国饲料号 CFN	饲料名称 Feed Name	饲料描述 Description	干物质 DM (%)	粗蛋白质 CP (%)	粗脂肪 EE (%)	粗纤维 CF (%)	无氮浸出物 NFE (%)	粗灰分 Ash (%)	中性洗涤纤维 NDF (%)	酸性洗涤纤维 ADF (%)	淀粉 Starch (%)	钙 Ca (%)	总磷 P (%)	有效磷 A-P (%)	羊消化能 DE (兆卡/千克)	羊消化能 DE (兆焦/千克)
18	4-08-0069	小麦麸	传统制粉工艺 GB 10368—89,1级	87.0	15.7	3.9	6.5	56.0	4.9	37.0	13.0	22.6	0.11	0.92	0.28	2.91	12.18
19	4-08-0070	小麦麸	传统制粉工艺 GB 10368—89,2级	87.0	14.3	4.0	6.8	57.1	4.8	41.3	11.9	19.8	0.10	0.93	0.28	2.89	12.10
20	4-08-0041	米糠	新鲜,不脱脂 NY/T,2级	87.0	12.8	16.5	5.7	44.5	7.5	22.9	13.4	27.4	0.07	1.43	0.20	3.29	13.77
21	4-10-0025	米糠饼	未脱脂、机榨 NY/T,1级	88.0	14.7	9.0	7.4	48.2	8.7	27.7	11.6	30.2	0.14	1.69	0.24	2.85	11.92
22	4-10-0018	米糠粕	浸提或预压浸提 NY/T,1级	87.0	15.1	2.0	7.5	53.6	8.8	23.3	10.9	—	0.15	1.82	0.25	2.39	10.00
23	5-09-0127	大豆	黄大豆,成熟 GB 1352—86,2级	87.0	35.5	17.3	4.3	25.7	4.2	7.9	7.3	2.6	0.27	0.48	0.14	3.91	16.36

续附件

序号	中国饲料号 CFN	饲料名称 Feed Name	饲料描述 Description	干物质 DM (%)	粗蛋白质 CP (%)	粗脂肪 EE (%)	粗纤维 CF (%)	无氮浸出物 NFE (%)	粗灰分 Ash (%)	中性洗涤纤维 NDF (%)	酸性洗涤纤维 ADF (%)	淀粉 Starch (%)	钙 Ca (%)	总磷 P (%)	有效磷 A-P (%)	羊消化能 DE (兆卡/千克)	羊消化能 DE (兆焦/千克)
24	5-09-0128	全脂大豆	湿法膨化,GB 1352—86,2级	88.0	35.5	18.7	4.6	25.2	4.0	11.0	6.4	6.7	0.32	0.40	0.14	3.99	16.99
25	5-10-0241	大豆饼	机榨 GB 10379—89,2级	89.0	41.8	5.8	4.8	30.7	5.9	18.1	15.5	3.6	0.31	0.50	0.17	3.37	14.10
26	5-10-0103	大豆粕	去皮,浸提或预压浸提 NY/T,1级	89.0	47.9	1.5	3.3	29.7	4.9	8.8	5.3	1.8	0.34	0.65	0.22	3.42	14.31
27	5-10-0102	大豆粕	浸提或预压浸提 NY/T,2级	89.0	44.2	1.9	5.9	28.3	6.1	13.6	9.6	3.5	0.33	0.62	0.21	3.41	14.27
28	5-10-0118	棉籽饼	机榨 NY/T 129—1989,2级	88.0	36.3	7.4	12.5	26.1	5.7	32.1	22.9	3.0	0.21	0.83	0.28	3.16	13.22
29	5-10-0119	棉籽粕	浸提 GB 21264—2007,1级	90.0	47.0	0.5	10.2	26.3	6.0	22.5	15.3	1.5	0.25	1.10	0.38	3.12	13.05

续附件

序号	中国饲料号 CFN	饲料名称 Feed Name	饲料描述 Description	干物质 DM (%)	粗蛋白质 CP (%)	粗脂肪 EE (%)	粗纤维 CF (%)	无氮浸出物 NFE (%)	粗灰分 Ash (%)	中性洗涤纤维 NDF (%)	酸性洗涤纤维 ADF (%)	淀粉 Starch (%)	钙 Ca (%)	总磷 P (%)	有效磷 A-P (%)	羊消化能 DE (兆卡/千克)	羊消化能 DE (兆焦/千克)
30	5-10-0117	棉籽粕	浸提 GB 21264—2007,2级	90.0	43.5	0.5	10.5	28.9	6.6	28.4	19.4	1.8	0.28	1.04	0.36	2.98	12.47
31	5-10-0220	棉籽蛋白	脱酚、低温一次浸出,分步萃取	92.0	51.1	1.0	6.9	27.3	5.7	20.0	13.7	—	0.29	0.89	0.29	3.16	13.22
32	5-10-0183	菜籽饼	机榨 NY/T 1799—2009,2级	88.0	35.7	7.4	11.4	26.3	7.2	33.3	26.0	3.8	0.59	0.96	0.33	3.14	13.14
33	5-10-0121	菜籽粕	浸提 GB/T 23736—2009,2级	88.0	38.6	1.4	11.8	28.9	7.3	20.7	16.8	6.1	0.65	1.02	0.35	2.88	12.05
34	5-10-0116	花生仁饼	机榨 NY/T,2级	88.0	44.7	7.2	5.9	25.1	5.1	14.0	8.7	6.6	0.25	0.53	0.16	3.44	14.39
35	5-10-0115	花生仁粕	浸提 NY/T 133—1989,2级	88.0	47.8	1.4	6.2	27.2	5.4	15.5	11.7	6.7	0.27	0.56	0.17	3.24	13.56

续附件

序号	中国饲料号 CFN	饲料名称 Feed Name	饲料描述 Description	干物质 DM (%)	粗蛋白质 CP (%)	粗脂肪 EE (%)	粗纤维 CF (%)	无氮浸出物 NFE (%)	粗灰分 Ash (%)	中性洗涤纤维 NDF (%)	酸性洗涤纤维 ADF (%)	淀粉 Starch (%)	钙 Ca (%)	总磷 P (%)	有效磷 A-P (%)	羊消化能 DE (兆卡/千克)	羊消化能 DE (兆焦/千克)
36	1-10-0031	向日葵仁饼	壳仁比35∶65 NY/T,3级	88.0	29.0	2.9	20.4	31.0	4.7	41.4	29.6	2.0	0.24	0.87	0.22	2.10	8.79
37	5-10-0242	向日葵仁粕	壳仁比16∶84 NY/T,2级	88.0	36.5	1.0	10.5	34.4	5.6	14.9	13.6	6.2	0.27	1.13	0.29	2.54	10.63
38	5-10-0243	向日葵仁粕	壳仁比24∶76 NY/T,2级	88.0	33.6	1.0	14.8	38.8	5.3	32.8	23.5	4.4	0.26	1.03	0.26	2.04	8.54
39	5-10-0119	亚麻仁饼	机榨 NY/T,2级	88.0	32.2	7.8	7.8	34.0	6.2	29.7	27.1	11.4	0.39	0.88	—	3.20	13.39
40	5-10-0120	亚麻仁粕	浸提或预压浸提 NY/T,2级	88.0	34.8	1.8	8.2	36.6	6.6	21.6	14.4	13.0	0.42	0.95	—	2.99	12.51
41	5-10-0246	芝麻饼	机榨,CP 40%	92.0	39.2	10.3	7.2	24.9	10.4	18.0	13.2	1.8	2.24	1.19	0.22	3.51	14.69

续附件

序号	中国饲料号 CFN	饲料名称 Feed Name	饲料描述 Description	干物质 DM (%)	粗蛋白质 CP (%)	粗脂肪 EE (%)	粗纤维 CF (%)	无氮浸出物 NFE (%)	粗灰分 Ash (%)	中性洗涤纤维 NDF (%)	酸性洗涤纤维 ADF (%)	淀粉 Starch (%)	钙 Ca (%)	总磷 P (%)	有效磷 A-P (%)	羊消化能 DE (兆卡/千克)	羊消化能 DE (兆焦/千克)
42	5-11-0001	玉米蛋白粉	玉米去胚芽、淀粉后面的面筋部分 CP 60%	90.1	63.5	5.4	1.0	19.2	1.0	8.7	4.6	17.2	0.07	0.44	0.16	4.39	18.37
43	5-11-0002	玉米蛋白粉	同上，中等蛋白质产品，CP 50%	91.2	51.3	7.8	2.1	28.0	2.0	10.1	7.5	—	0.06	0.42	0.15	3.56	14.90
44	5-11-0008	玉米蛋白粉	同上，中等蛋白质产品，CP 40%	89.9	44.3	6.0	1.6	37.1	0.9	29.1	8.2	—	0.12	0.50	0.31	3.28	13.73
45	5-11-0003	玉米蛋白饲料	玉米去胚芽、淀粉后的皮与残渣	88.0	19.3	7.5	7.8	48.0	5.4	33.6	10.5	21.5	0.15	0.70	0.17	3.20	13.39
46	4-10-0026	玉米胚芽饼	玉米湿磨后的胚芽，机榨	90.0	16.7	9.6	6.3	50.8	6.6	28.5	7.4	13.5	0.04	0.50	0.15	3.29	13.77
47	4-10-0244	玉米胚芽粕	玉米湿磨后的胚芽，浸提	90.0	20.8	2.0	6.5	54.8	5.9	38.2	10.7	14.2	0.06	0.50	0.15	3.01	12.60

续附件

序号	中国饲料号 CFN	饲料名称 Feed Name	饲料描述 Description	干物质 DM (%)	粗蛋白质 CP (%)	粗脂肪 EE (%)	粗纤维 CF (%)	无氮浸出物 NFE (%)	粗灰分 Ash (%)	中性洗涤纤维 NDF (%)	酸性洗涤纤维 ADF (%)	淀粉 Starch (%)	钙 Ca (%)	总磷 P (%)	有效磷 A-P (%)	羊消化能 DE (兆卡/千克)	羊消化能 DE (兆焦/千克)
48	5-11-0007	玉米 DDGS	玉米酒精糟及可溶物、脱水	19.2	27.5	10.1	6.6	39.9	5.1	27.6	12.2	26.7	0.05	0.71	0.48	3.50	14.64
49	5-11-0009	蚕豆粉浆蛋白粉	蚕豆去皮制粉丝后的浆液、脱水	88.0	66.3	4.7	4.1	10.3	2.6	13.7	9.7	—	0.00	0.59	0.18	3.61	15.11
50	5-11-0004	麦芽根	大麦芽副产品干燥	89.7	28.3	1.4	12.5	41.4	6.1	40.0	15.1	7.2	0.22	0.73	—	2.73	11.42
51	5-13-0044	鱼粉(CP 67%)	进口 GB/T 19164—2003,特级	92.4	67.0	8.4	0.2	0.4	16.4	0.0	0.0	—	4.56	2.88	2.88	3.09	12.93
52	5-13-0046	鱼粉(CP 60.2%)	沿海产的海鱼粉、脱脂,12样平均值	90.0	60.2	4.9	0.5	11.6	12.8	0.0	0.0	—	4.04	2.90	2.90	3.07	12.85
53	5-13-0077	鱼粉(CP 53.5%)	沿海产的海鱼粉、脱脂,11样平均值	90.0	53.5	10.0	0.8	4.9	20.8	0.0	0.0	—	5.88	3.20	3.20	3.14	13.14
54	5-13-0036	血粉	鲜猪血、喷雾干燥	88.0	82.8	0.4	0.0	1.6	3.2	0.0	0.0	—	0.29	0.31	0.31	2.40	10.04

续附件

序号	中国饲料号 CFN	饲料名称 Feed Name	饲料描述 Description	干物质 DM (%)	粗蛋白质 CP (%)	粗脂肪 EE (%)	粗纤维 CF (%)	无氮浸出物 NFE (%)	粗灰分 Ash (%)	中性洗涤纤维 NDF (%)	酸性洗涤纤维 ADF (%)	淀粉 Starch (%)	钙 Ca (%)	总磷 P (%)	有效磷 A-P (%)	羊消化能 DE (兆卡/千克)	羊消化能 DE (兆焦/千克)
55	5-13-0037	羽毛粉	纯净羽毛,水解	88.0	77.9	2.2	0.7	1.4	5.8	0.0	0.0		0.20	0.68	0.68	2.54	10.63
56	5-13-0038	皮革粉	废牛皮,水解	88.0	74.7	0.8	1.6	0.0	10.9	0.0	0.0		4.40	0.15	0.15	2.64	11.05
57	5-13-0047	肉骨粉	屠宰下脚料,带骨干爆粉碎	93.0	50.0	8.5	2.8	0.0	31.7	32.5	5.6		9.20	4.70	4.70	2.77	11.59
58	5-13-0048	肉粉	脱脂	94.0	54.0	12.0	1.4	4.3	22.3	31.6	8.3		7.69	3.88	3.88	2.52	10.55
59	1-05-0074	苜蓿草粉(CP 19%)	一茬盛花期烘干 NY/T,1级	87.0	19.1	2.3	22.7	35.3	7.6	36.7	25.0	6.1	1.40	0.51	0.51	2.36	9.87
60	1-05-0075	苜蓿草粉(CP 17%)	一茬盛花期烘干 NY/T,2级	87.0	17.2	2.6	25.6	33.3	8.3	39.0	28.6	3.4	1.52	0.22	0.22	2.29	9.58

续附件

序号	中国饲料号 CFN	饲料名称 Feed Name	饲料描述 Description	干物质 DM (%)	粗蛋白质 CP (%)	粗脂肪 EE (%)	粗纤维 CF (%)	无氮浸出物 NFE (%)	粗灰分 Ash (%)	中性洗涤纤维 NDF (%)	酸性洗涤纤维 ADF (%)	淀粉 Starch (%)	钙 Ca (%)	总磷 P (%)	有效磷 A-P (%)	羊消化能 DE (兆卡/千克)	羊消化能 DE (兆焦/千克)
61	1-05-0076	苜蓿草粉（CP 14%～15%）	NY/T,3级	87.0	14.3	2.1	29.8	33.8	10.1	36.8	2.9	3.5	1.34	0.19	0.19	1.87	7.83
62	5-11-0005	啤酒糟	大麦酿造副产品	88.0	24.3	5.3	13.4	40.8	4.2	39.4	24.6	11.5	0.32	0.42	0.14	2.58	10.80
63	7-15-0001	啤酒酵母	啤酒酵母菌粉，QB/T 1940—94	91.7	52.4	0.4	0.6	33.6	4.7	6.1	1.8	1.0	0.16	1.02	0.46	3.21	13.43
64	4-13-0075	乳清粉	乳清,脱水低乳糖含量	94.0	12.0	0.7	0.0	71.6	9.7	0.0	0.0	—	0.87	0.79	0.79	3.43	14.35
65	5-01-0162	酪蛋白	脱水	91.0	84.4	0.6	0.0	2.4	3.6	0.0	0.0	—	0.36	0.32	0.32	4.28	17.90
66	5-14-0503	明胶	食用	90.0	88.6	0.5	0.0	0.6	0.3	0.0	0.0	—	0.49	0.00	0.00	3.36	14.06
67	4-06-0076	牛奶乳糖	进口,含乳糖80%以上	96.0	3.5	0.5	0.0	82.0	10.0	0.0	0.0	—	0.52	0.62	0.62	3.48	14.56

续附件

序号	中国饲料号 CFN	饲料名称 Feed Name	饲料描述 Description	干物质 DM (%)	粗蛋白质 CP (%)	粗脂肪 EE (%)	粗纤维 CF (%)	无氮浸出物 NFE (%)	粗灰分 Ash (%)	中性洗涤纤维 NDF (%)	酸性洗涤纤维 ADF (%)	淀粉 Starch (%)	钙 Ca (%)	总磷 P (%)	有效磷 A-P (%)	羊消化能 DE (兆卡/千克)	羊消化能 DE (兆焦/千克)
68	4-06-0077	乳糖	食用	96.0	0.3	0.0	0.0	95.7	0.0	0.0	0.0	—	0.00	0.00	0.00	3.92	16.41
69	4-06-0078	葡萄糖	食用	90.0	0.3	0.0	0.0	89.7	0.0	0.0	0.0	—	0.00	0.00	0.00	3.28	13.73
70	4-06-0079	蔗糖	食用	99.0	0.0	0.0	0.0	98.5	0.5	0.0	0.0	—	0.04	0.01	0.01	4.02	16.82
71	4-02-0889	玉米淀粉	食用	99.0	0.3	0.2	0.0	98.5	0.0	0.0	0.0	98.0	0.00	0.03	0.01	3.50	14.65
72	4-17-0001	牛油		99.0	0.0	98.0*	0.0	0.5	0.5	0.0	0.0	—	0.00	0.00	0.00	7.62	31.86
73	4-17-0002	猪油		99.0	0.0	98.0*	0.0	0.5	0.5	0.0	0.0	—	0.00	0.00	0.00	8.51	35.60
74	4-17-0003	家禽脂肪		99.0	0.0	98.0*	0.0	0.5	0.5	0.0	0.0	—	0.00	0.00	0.00	8.68	36.30
75	4-17-0004	鱼油		99.0	0.0	98.0*	0.0	0.5	0.5	0.0	0.0	—	0.00	0.00	0.00	8.36	34.95
76	4-17-0005	菜籽油		99.0	0.0	98.0*	0.0	0.5	0.5	0.0	0.0	—	0.00	0.00	0.00	8.92	37.33
77	4-17-0006	椰子油		99.0	0.0	98.0*	0.0	0.5	0.5	0.0	0.0	—	0.00	0.00	0.00	9.42	39.42

续附件

序号	中国饲料号 CFN	饲料名称 Feed Name	饲料描述 Description	干物质 DM (%)	粗蛋白质 CP (%)	粗脂肪 EE (%)	粗纤维 CF (%)	无氮浸出物 NFE (%)	粗灰分 Ash (%)	中性洗涤纤维 NDF (%)	酸性洗涤纤维 ADF (%)	淀粉 Starch (%)	钙 Ca (%)	总磷 P (%)	有效磷 A-P (%)	羊消化能 DE (兆卡/千克)	羊消化能 DE (兆焦/千克)
78	4-17-0007	玉米油		99.0	0.0	98.0*	0.0	0.5	0.5	0.0	0.0	—	0.00	0.00	0.00	8.63	36.11
79	4-17-0008	棉籽油		99.0	0.0	98.0*	0.0	0.5	0.5	0.0	0.0	—	0.00	0.00	0.00	8.91	37.25
80	4-17-0009	棕榈油		99.0	0.0	98.0*	0.0	0.5	0.5	0.0	0.0	—	0.00	0.00	0.00	5.76	24.10
81	4-17-0010	花生油		99.0	0.0	98.0*	0.0	0.5	0.5	0.0	0.0	—	0.00	0.00	0.00	9.17	38.33
82	4-17-0011	芝麻油		99.0	0.0	98.0*	0.0	0.5	0.5	0.0	0.0	—	0.00	0.00	0.00	8.35	34.91
83	4-17-0012	大豆油	粗制	99.0	0.0	98.0*	0.0	0.5	0.5	0.0	0.0	—	0.00	0.00	0.00	8.29	34.69
84	4-17-0013	葵花油		99.0	0.0	98.0*	0.0	0.5	0.5	0.0	0.0	—	0.00	0.00	0.00	9.47	39.63